有趣的人才有诗和远方

苏 琴 —— 著

台海出版社

图书在版编目（CIP）数据

有趣的人才有诗和远方／苏琴著. —北京：台海
出版社，2018. 8

ISBN 978 – 7 – 5168 – 1995 – 1

Ⅰ. ①有… Ⅱ. ①苏… Ⅲ. ①个人 – 修养 – 通俗读物
Ⅳ. ①B825 – 49

中国版本图书馆 CIP 数据核字（2018）第 154581 号

有趣的人才有诗和远方

著　　者：苏　琴

责任编辑：员晓博　　　　　　装帧设计：天下书装
版式设计：天下书装　　　　　责任印制：蔡　旭

出版发行：台海出版社

地　　址：北京市东城区景山东街 20 号　邮政编码：100009

电　　话：010 – 64041652（发行，邮购）

传　　真：010 – 84045799（总编室）

网　　址：www. taimeng. org. cn/thcbs/default. htm

E – mail：thcbs@ 126. com

经　　销：全国各地新华书店

印　　刷：三河市人民印务有限公司

本书如有破损、缺页、装订错误，请与本社联系调换

开　　本：880 × 1230　　　　1/32

字　　数：198 千字　　　　印　张：9

版　　次：2018 年 9 月第 1 版　印　次：2018 年 9 月第 1 次印刷

书　　号：ISBN 978 – 7 – 5168 – 1995 – 1

定　　价：38.00 元

前言

王小波说："一辈子很长，要跟有趣的人在一起。"和有趣的人在一起，粗茶淡饭也好，韶华将尽也罢；和有趣的人在一起，一碟花生、一碗烈酒，可慰风尘、可温喉。

那么，我们怎样才能成为一个有趣的人呢？

要想做个有趣的人，就要保持内心纯真的部分，释放自我，要跟别人不一样。

杨绛先生曾经写过不少关于钱钟书的趣事，其中最有名的当属《钱钟书帮着自家猫咪打架》。有一次，自家猫咪半夜和别家的猫打起来了，钱钟书怕自家猫咪吃亏，拿着根长竹竿，跑到院子里帮着自家猫咪打架。

邻居林徽因家里的猫，经常被钱家的猫打得屁滚尿流。

钱钟书和钟韩住在无锡留芳声巷，那所房子有"凶宅"之称。杨绛是最怕鬼的，钟韩也怕，钱钟书吓唬他："鬼来了！"钟韩吓得又叫又逃。这事儿让钱钟书乐了好一阵子。

我们每个人原本都是会傻笑的婴孩，在儿时都有不受任何事物束缚的童心。小时候都会对猫狗打架这种事感兴趣，甚至还会蹲下来观战。但长大了可能就习以为常了，因为这对你而言没有任何的用处。

成年人的思维方式就是趋"功利化"，同时也是去"纯真化"的，他们只考虑利弊，放弃生活的趣味。

有趣的人呢，他们会把人生看作一场有趣的旅途和游戏，而不是竞技场与名利场。他们不会和别人攀比，而是过好自己的生活，经营好自己。他们会去参加舞蹈课、绘画班、插花课、品酒会、沙龙活动等有趣的活动。

正是因为这种做各种"无用"的事，他们才过得万种风情，有趣有味，生活因此而长久新鲜。

想要成为一个有趣的人，还要保持童心，胸怀赤诚。还有一点，便是解放自我的身份，即不要固守身份标签，要勇于做出格的事。

钱钟书，"中国现代作家""学者""教授"……一大堆的光环在他头上，可他却能像小孩子一样快乐。

"这不像钱钟书那样的大家该做的事吧？"也许你会这样想。其实这是一种身份冲突所造成的美感，趣味由此发生，所以偶尔做点和身份不相符的事能让你更有趣。

随着时间的推移，我们对许多事物的感知会钝化，对万物习以为常。因此要想生活得更有乐趣，就不要用常规的眼光看待事物，保持一颗好奇的心。说白了，就是摆脱一种固定思维，跳出旧格局。

香港作词人周耀辉是个很有趣的人，他出过一本小书，叫《7749》，里面有很多充满创意和趣味的小练习。比如"你试过一丝不挂地游泳吗？""你试过用舌尖舔十遍自己的掌心吗？"

"你试过被三十根指头按摩头颅吗?"这些都是在他书中提出的关于感官的想象。

在《何苦推开石头呢?》一篇中,他鼓励你看一些你不常见到的地方,比如床下、柜顶、墙角……

总之,不要用常规眼光看待事物,是使生活变得有趣的前提。一个人若是有趣,他的脑子里必定常常装着稀奇古怪的念头,也不怎么按常理出牌。比如,下雨了会漫步其中;下雪了他们会去雪地里撒欢儿;下班了也许不会直接回家,而是骑着单车去城市的街头巷尾寻找那些很有格调的小店;甚至看电影也不会去电影院,而是开着汽车去汽车影院……有趣的人看待身边的事物,视角总是显得与众不同,有在苍白的日子里找到绚丽色彩的能力。

做个有趣的人,还要有幽默感。他能逗自己开心,也能逗别人开心,也要有自嘲自黑的心态。

也就是说做个性情中人,随心而动,率性而为。自己本来是什么样的,表现出来就是什么样的。有什么小缺陷,也不必掖着藏着,大大方方地说出来。趁着别人说出来之前,自己先黑自己一把,既表达了自己的个性,也能让别人开怀大笑。

论自黑谁都比不过高晓松,微博上晒了一堆"对世界充满恶意"的自拍照。可这没影响他的事业,反而吸来一堆的观众,评论栏里纷纷高呼男神,这就是自黑的力量。他自黑了之后,没招人讨厌,反而觉得:咦,这胖子原来不但有才华,还有这么有趣的一面呀。

总之,黑自己黑得漂亮,也是一门手艺。

你不妨在日后观察一下那些你认为有趣的人,他们说话时,从来是把说出的话当作标枪投向自己。在你和他交流的过程中，他不经意地黑自己一下，又黑自己一下……你会发现他的坦诚与缺陷，不断地靠近他，最后，好感油然而生。

因为我们都是不完美的，我们喜欢和那些具有幽默感又很真实的人在一起。

一个有趣的人还要拥有开放的心态，并且始终拥有好奇心和冒险精神。他们不狭隘、不封闭、不迷信，对未知事物充满探究精神。

时下，在社交媒体上、在各种圈子里，充斥着庸俗、低俗、粗俗的趣味，有趣看似简单，但真正有趣的却不多。一个有趣又知趣的人，必然深受大家欢迎。

只有你自己变得丰富和有趣了，才能与美好的一切相遇。

目录

{ CONTENTS }

第一章
人可以无知，但绝不能无趣

1. 人最大的悲哀是无聊

生活中，无聊的人总是喜欢一本正经。他们要么总是板着一张脸；要么一开口就是各种抱怨，各种负面言论，好像全世界都欠他的。这些人未必没有才能、没有地位，但是和他们在一起，总是让人觉得不舒服。比如，有些人聊天只谈明星八卦，他津津乐道谁和谁怎么样了，谁又出轨了、劈腿了、最近又有谁可能要出事；或者邻居家的狗半夜乱叫，吵得他不得安睡，他已经不堪忍受；还有那个张大妈、李大婶谁谁谁的侄女……

无趣的人，他们的生活总是缺乏激情，生活品质也很差。这种人浑浑噩噩一辈子，是无聊的、悲哀的。人只能活一次，要活得精彩。

有一个笑话：一个想长寿的人问大夫，怎样才能更加长寿。

大夫说，第一不许生气；

他回答说，我从来不生气，一辈子就没大声说过话。

大夫又说，第二不许吃酒；

他又回答说，我一辈子从不曾吃酒。

大夫又说，第三不许近女色；

他一脸自豪地说道，我这一辈子连老婆都没有娶过，更何况女色。我希望知道的是，这些我都做到了，还应该注意什么才能长寿？

大夫默默地看着他，意味深长地说道：作为一个男人，你既不喝酒，又没脾气，还不近女色，那你活这么长干吗？

人活着为什么？活着的意义是什么？长寿很重要，但你要活得精彩，长寿不长寿就不重要了。

如果一个二三十岁的年轻人像七八十岁的老人一样，安逸地过着日子，那跟咸鱼没什么区别。因此希望我们都能拉起自己的警戒线，远离人生的悲哀，让我们的生命充满正能量，且散发出耀眼的光芒。

只有将自己活得丰盛、活得自在、活得有趣的人，才不枉此生。

说到王石我相信大家一定不会陌生，这个在地产界被奉为"教父"的男人，到了花甲之年依然活跃在我们的视线中。超乎常人的胆识、充沛的精力以及那犹如电影般精彩的人生，让很多年轻人都自愧不如。

正是他敢于不断突破自我、敢于挑战的精神，才使他拥有精彩的人生。

王石的精彩人生应该说是从加入万科开始的，也可以说王石与万科是互相成就了对方。在王石的带领下，万科如今已经是地产界的龙头企业，也正因为成就了万科，王石一跃成为成功企业家的代名词，并正式进入了大众的视野。

成为焦点后的王石一下就褪去了商业大佬的那件神秘外衣，除了被我们熟知的万科集团董事会主席的身份，他还是一名冒险家。

2003 年 5 月 22 日，王石成功登上珠峰，当时他 52 岁，成为中国登顶珠峰年龄最大的一位登山者。

1998 年，47 岁的王石尝试真正的自由飞行——飞滑翔伞，2000 年，王石在西藏青朴创造了中国飞滑翔伞攀高 6100 米的纪录。

当他事业成功的时候，他做了一个让人吃惊的决定：去美国、英国、耶路撒冷和伊斯坦布尔游学。

2011 年，王石正值耳顺之年，这位功成名就的企业家，选择去哈佛大学当清苦的"修道徒"——自己做早餐，步行上学，坐地铁出行，和十几岁的孩子一起学习语言。

2013 年 10 月，他去了剑桥大学，开始了新的学习旅程。在剑桥他选择了融入当地生活方式，去学院的"哈利·波特式"饭堂晚餐。参加了有百年历史的剑桥大学赛艇俱乐部，在俱乐部他接受了正规的赛艇训练。有时候训练完腿都抽筋了，他仍推着自行车，一瘸一拐回宿舍，嘴里还哼着歌，高兴得不得了！

对学习新东西，王石有一种强烈的兴奋。他希望自己心灵开放，永远年轻，永远有那么点做梦的感觉！所以，从王石的经历我们可以看出，精彩的人生并不是建立于物质基础之上，而是在不断突破自我、不断发现中实现的。

王石在新书中写道，52岁时，我登顶珠峰下来，对记者说："50岁是一个成功男人辉煌的开始。"现在63岁，我感到，人生60，才是开始。

　　来人间一趟，就算最后不能埋在太阳下，也不能被无聊埋葬。就算被别人当作一个怪物、一个疯子、一个智障都没关系，反正和这个世界不一样就对了。

　　如果一个40岁的人觉得跳进泥沟有趣，那我们为什么一定说人家就是有病？

　　"你是一个成年人，成年人是不会那么干的！"成年人就像一个模板，渐渐成为让我们的人生变得无聊的"幕后黑手"。

　　没错，现实生活中，很多人感叹"人生不如意十之八九"这样的话，搞得好像自己没活好都是人生的错。这些人身处生活的污泥当中，虽不甘心，却畏首畏尾，过着无聊平庸的生活。

　　我们不能对无聊妥协，要学会经营自己的生活，让自己变得有趣。

　　想大口吃"碳水化合物"的时候不要去考虑什么体育馆；在橘子上画画、在房间建堡垒、想在40岁的时候还躺在浴缸里玩小鸭子……如果你觉得这些事情很有趣，那就去做吧！

　　当然，每个人对于"无聊"的定义不同，对于"有趣"的定义也不一样，不同目的地的人各自奔跑，双方不必妥协，有可能只是大家都和这个世界不一样。

　　总之，只要生活有趣就好。

　　J. M.库切说过，你内心肯定有某种火焰，能把你和其他人区别开来。愿大家心中都有这种火焰。

2. 为什么你有房有车，却还单身

不知从什么时候起，社会上就开始流行着这样一个观念：如果一个男人没有房子和车子，就不配拥有幸福美好的爱情。即便这种现象真的存在，但一个男人若认为有了房和车就能有爱情，那就大错特错了。

事实上有了房子和车子，仍然找不到女朋友的大有人在。而这些在婚恋市场上受挫的男性，一部分会选择继续走在相亲的路上，直到捡个漏；一部分人指责女孩拜金，然后更加努力挣钱；一部分人则会开始思考这是为什么。

其实，稍微动一下脑筋就能够明白，物质并不是爱情的唯一条件。如果你企图用物质去吸引女孩，那么吸引到的也只是没有头脑的拜金女。电视上的肥皂剧放大了男人们的焦虑，导致很多人把精力放在物质条件上。不错，物质是爱情和婚姻的基本条件，的确重要，但无疑不是关键的，物质解决不了一切，最关键的还是人本身。说白了，就是你是个什么样的人，别人对你感不感兴趣。

一个内心贫乏至极的人，就算条件再好，也是没有任何吸引力的。

前段时间，国内著名问答网站知乎上有一个帖子很火。一个上海的网友发帖抱怨，说他在一家科技公司上班，月薪3万，开着一辆几十万的车。他参加了数次相亲会，女方都是一套话，不约而同地问他有没有房。他没有房，所以相亲屡屡失败。

当时，他感觉天底下女孩子都只管男人有没有房子，好像只要买了房子，就能随便挑了。他的爸妈也这么认为，所以一家人凑了 300 多万买了房。买了房子之后，他又相亲数次，但结果还是一样，每每和女孩见面几次就没了下文，这让他感觉愈加的迷茫了。

另外，这位网友还上传了几张价值 300 多万的房子的照片。

很多网友看过照片之后，得出结论：这位大哥要找的并不是伴侣，而是一个保姆、一位母亲。

原来这位网友上传的照片里，整个屋子杂乱不堪，茶几上堆满了垃圾，阳台上的盆栽半死不活，卧室乃至整个房间的装修风格弥漫着城乡结合风的味道。

许多网友回帖吐槽他的品位：看看那把椅子，都脏成什么样子了。还有客厅的沙发，一看就是质感很差，有一种二手沙发的感觉，真心不知道房主的眼光是什么情况。也许你会辩解说，一个人在家嘛，这都是可以收拾的，等女孩来了，搞搞卫生不就行了？其实一个人的住所，最能反映一个人的品位。一个人的生活品位，全部反映在这个说大不大、说小不小的家里。你在家里怎么样，在外面就差不多。可想而知，和你相亲的女孩早就识破了你的品位，真心是需要提升的。

大多数网友都觉得这个男生很无趣，杂乱的房间表示这个男生对生活缺乏一种积极向上的精神。

甚至还有人认为：对于把自己的生活环境弄得如此懒散的人，就算帅爆宇宙，也是缺乏吸引力的。

最后，看过大家的评论后，这位上海的网友似乎明白了自己的问题所在，他感慨道：看大家的评论，发现我现在的问题好像不在房子……

你们说这哥们为什么找不到女朋友？不是说有房有车，女朋友不就是很快的事吗？他为什么条件不错还屡屡失败？

其实，他的主要问题是：无趣、不懂生活、没有品位、个人魅力不能够吸引女孩子。虽然现在很多女孩很现实，但是要求也不会低，她们本身比同龄男孩成熟，她们是不愿意和一个无趣乏味的人共度一生的。

现在很多女孩周末在干吗？很多都在学习一些画画、插画、烘焙等带点艺术性的东西。她们喜欢去尝试新鲜的东西，学习新的知识。这些技能或许暂时不能谋生，但是可以丰富自己的生活、开拓自己的眼界、提升自己的品位。不说升华了人生，至少让自己有趣一点、有品位一点。

可是男生如果在这方面匹配不上，就算你有房有车，女生一想要和这样无趣的人过一辈子，想想都后怕，那还是单着吧，或许还有更好的呢。

这就是为什么钱钟书和杨绛的爱情为世人称道的原因，钱钟书是个大作家，学富五车，可是杨绛也是翻译家、作家。她能给钱钟书很多别人给不了的东西，他们很般配，这就是门当户对的爱情。没有谁高谁低，自然也能幸福长久了。

所以现在单身的男性，要记住这些前车之鉴，看到前人失败的案例，这些都是血淋淋的教训。

你还年轻，你还有很多时间，你还有干劲和激情。不要总是把眼光盯在升职加薪、买车买房上，去关注生活本身。所有人都生存着，但每个人的生活方式不一样，你的生活方式会体现出你的个性和魅力。

提升自己，做个有趣的人，你会吸引到你喜欢的人。

如果你觉得自己还不够好，没有吸引异性的魅力，可以从以下几个方面提升自己：

（1）提升自己的吸引力

一个人的吸引力不只是靠长相。穿着整洁、搭配合理、干净清新、发型适合等都是视觉魅力的体现，现在就开始打理自己吧！

（2）懂得生活情调

这个是属于升华级别的了，拥有基本的物质条件，算是一个好男人。如果还能再加上一些情调，那么你就趋近完美了。懂得生活情调的男人，无论是工作还是生活，抑或是恋爱与交友，都会左右逢源。

（3）注意说话的技巧

在说话的技巧中，我们要明白换位思考、察言观色、学会倾听。和谈话的目标交流时，我们要考虑对方当时的想法和目的性，随时掌握彼此共鸣的机会。在交流过程中，认真观察每个人的面部表情和眼神，如果不对，立即调整交流内容，活跃气氛。记住，适当的时候要给对方一个微笑。

3. 为什么大家都喜欢猪八戒

曾经，有一家杂志以《西游记》中的四位主人公为对象做了一次问卷调查。结果让人想不到的是——80%的女生乐意嫁给猪八戒，10%的女生想嫁给唐僧，只有不足2%的女生愿意嫁给孙悟空，选择沙僧的更是寥寥无几。

猪八戒的聪明才智、幽默有趣值得欣赏。

贪吃、贪睡、贪财、贪色、自私自利、常闹散伙、本事平平、长相奇丑的猪八戒，为何成了女性眼中"最喜欢的那个人"？

让我们先来分析一下《西游记》里的师徒四人的性格特点。

唐僧意志坚定，专心搞事业，很让人佩服。但他的缺点是太死板，这会让女孩子们很反感。一个大男人，他不敢大大方方地看女人，你说他心里没异性这个概念吧，悟空每次打杀美女妖精，他又横推竖挡不让；你说他动了凡心吧，他又摆出一副正人君子的架子。像这种把自己熬得很苦、想爱不敢爱、遮遮掩掩的人，就有点太死板了，很没意思，没有人会喜欢，当然没人愿意跟他生活在一块啊。

孙悟空能力很强，是绝对靠本事吃饭的角儿。但也很张狂，盛气凌人，不能平等待人。他有英雄气概，这让人敬仰。但他仰惯了的脖子，放任自流的性格和暴躁的脾气，会吓到一些女性。你看他遇到的几个向他表达爱慕的女人，他是怎么对待人家的？要么很傲然，要么很浮夸。另外，他只懂得打打杀杀，不懂生活，无趣得很。如此这般，和他生活在一起的女性还有什么幸福可言？

沙僧是个老实本分的人。他的形象不佳，人也木讷、乏味。他的优点就是老实，他的缺点就是太老实；他的优点就是不折腾，他的缺点就是缺少浪漫的色彩和情调。谁和他在一起，郁闷！除了日出而作，日落而息，还能有什么乐趣可言？人活着不光是为了吃口饭呀，要活得有诗意一点、有色彩一点、有情趣一点，味道才足一些。如果男女在一起，死气沉沉，机械重复，为活着而工作，为工作而活着，生活还有什么意思呀！

反观猪八戒，他很有趣很有幽默感，并且有一定的本事。讨女人欢心的具体行动也有一些，是个能干事、能惹事、能损事，也能成事的男人。他的情感很丰富，喜欢上了谁，能付诸行动。为了得到心上人，卖苦力讨好也行、低声下气也行、受人侮辱打骂也行。他敢作敢为，从不掩饰自己的真实想法。当然，八戒还有两个缺点：一个是懒惰；一个是花心。如果他能克服这两点毛病，就是女孩子心里的白马王子了。

综上，四个人，比来比去，大多数女孩们还是会选猪八戒。唐僧固执虚伪；悟空放肆高傲；沙僧老实机械；唯猪八戒活得有滋有味，更加有趣一些。换种说法，不是八戒多出色，而是他有趣。

有生活情趣的男人更有吸引力。

李昊阳大三就去一家互联网公司实习，并落户当地，大学毕业之后，他已经贷款买了房，没向家里要一分钱。

他并不是我们认为的那种不修边幅，穿着冲锋衣和牛仔裤的程序员。他高大帅气，而且穿衣有品位，声音很有磁性，还会说话，待人接物很有一套。

而且李昊阳很专情，大学一毕业就跟高中的初恋女友，也是很优秀的女孩领证结婚了。

你肯定觉得这样的人绝对是人生赢家是不是？让所有人想不到的是，他们结婚没两年就离婚了，没有小三没有争吵，说离就离了。

如今他前妻和一个各方面都很一般的男人在一起了，他在朋友圈里看他们一起去旅行，一起做饭，一起去看音乐演出，感觉他的前妻每张照片都幸福得在发光。他后来跟朋友们说，从那时候他才开始站在女人的角度思考问题。

他过去一心扑在事业上，生活里只有工作，他妻子也忙，家里常常乱七八糟。就算他有空闲，也觉得大老爷们儿是要在外面的世界冲锋陷阵，生活上的事交给女人是天经地义的。对这一切，他没觉得这有什么不对，直到妻子提出了离婚。

他从这段感情学到了很重要的事：别人不喜欢你，不要指责对方挑剔，而要多从自己身上找原因。

这么想之后，他开始用心生活，培养了很多跟赚钱无关的爱好。学烹饪、学做蛋糕、学插花，重新开始阅读，每年出去旅游几次。在做这些事的时候，他愈发地认识到，他本来可以和初恋女友在婚后享受幸福有趣的生活。

有句话说得好，当一个男人变得有趣，生活变得有品质，哪怕是身高158cm，也照样追女孩。

很多时候失意者们的最大的问题并不在于他们没钱、长得不帅、拿不出手、没有优点，而是自身太过于匮乏。一个能力强、事业有成的男人，应该是很受女生欢迎的，除非他是个木讷无趣的棒槌。

所以说，你要懂得以恰当的方式去和女生相处，展现出你有趣的一面，让女生发自内心的被你吸引。

做一个懂生活、会生活的人。

吸引就要求你要学会用恰当的方式，努力让自己变得有趣，然后把你身上的这些优点展示给女生。吸引又可以分为外在吸引和内在吸引：外在吸引很简单，就是你的外形、经济条件、社会地位、工作、收入、教育背景等等；而内在吸引则是你的才华、思想内涵、精神价值、人生阅历、读书感悟、电影、旅行、厨艺、文学等。

女生喜欢一个男人就是被男人身上的优点和品质所吸引，与你对她好不好没有任何直接的联系。

所以，不要觉得自己没有足够优越的条件，就不能够吸引女生的注意，要懂得用正确的方式去展示自己。

试想一下，如果你是一个很老实的木讷人。和女生在一起的时候很紧张，行为上也非常的拘谨，情绪上始终就是一潭死水，泛不起任何一丝涟漪，那女生她怎么可能喜欢上你呢？当你向她表白的时候，她只能给你发好人卡。

其实吸引女生并不困难，就是聊一些开心的、有意思的事情让女生觉得你是一个挺幽默风趣的男生，而不是一个木讷的棒槌就够了。

4. 当你变得有趣，生命才开始对你感兴趣

生活中，总是有些人经常抱怨自己不开心，生活无趣、死气沉沉、百无聊赖，但又不找些事情让自己的生活变得有趣起来。

《约翰·克利斯朵夫》里有一段话："大半的人在二十岁或三十岁时就死了。一过这个年龄，他们只变了自己的影子。以后的生命不过是用来模仿自己，把以前所说的、所做的、所想的，一天天的重复，而且重复的方式越来越机械，越来越循规蹈矩。"

想改变这样的现状——唯有转变自己的思维，让自己的心

智觉醒。麻木的生活根本不是真正的生活，仅是为生存而努力。哲学家周国平说："觉醒是人人可以开发和拥有的力量，也是人生最根本和最重要的力量。生命的觉醒，让我们懂得除了财富、权力、地位、名声之外，什么才是一个人生命中最单纯的快乐。"

敞开心扉，重新唤醒你的好奇心，去探寻自己感兴趣的事物。

最近，琳达和相恋 3 年的男友分手了，这让她精神恍惚、生不如死。

这天放假，她回到家，遇到了几个小时候的玩伴，聊到了小时候的一个故事。

那是一个夏天的午后，她和几个小朋友去远方"探险"。有人戴了凉帽、有人拿了水壶，还有人穿上了旅游鞋。总之他们几个人意气风发地出发了。那天下午他们走了好远好远，走了好久好久。那是他们第一次脱离大人独自出门，看什么都是新奇有趣。太阳热辣辣的，他们每个人都汗流浃背，但是又莫名兴奋。后来看到一个火车道，他们就沿着铁轨一直走，越走越偏僻，一直走到前后左右一个人都没有，才开始往回走。

那次"探险"的结局，就是他们在晚饭的时候安然无恙地原路返回了家中。可是心里的那种小小的满足感，那种"远行"的感觉，仿佛第一次体会到了什么是"外面的世界"。现在的你，还有没有这样的冲动？

琳达突然觉醒了，她不打算蹉跎剩下的大学时光，她开始每天看电影学院老师推荐的电影。写拉片笔记用电邮发给老师，然后下载纪录片，还会常常去其他学院听课听讲座，偶尔还和同学结伴出去旅行。此后，她觉得自己每天都在发现新的东西，总能找到新鲜的、有趣的、吸引她的新鲜事。

在成长过程中、在受教育的过程中、在环境的影响下，有些东西潜移默化、根植于心，让我们变得越来越平庸、越来越无趣。觉醒就是要重新唤醒你自己的好奇心，开始提问和思考，渐渐去探寻自己感兴趣的事物的奥秘。强扭的瓜不甜，唯有自己敞开心扉，全身心地投入，让自己变得有趣的时候，生命才开始对你感兴趣。

寻找那些不能够被满足的深层兴趣。

仔细想一想，我人生中最不快乐的时光，又是什么时候？是否跟金钱有关？是生活无聊，还是你无趣？

快乐与不快乐，似乎都与金钱没有太大关联。对于金钱，不必那么怨念深重。有钱固然好，但是钱就一定能买来快乐吗？未必。没有经济的烦恼，还有其他的烦恼。而一个开心的人，会想方设法让自己的生活有意思一点，也总会看到生活中开心的一面。

是生命无聊，还是你无趣？

有趣之人，生命开始对你感兴趣。带着关爱而不是期待投入生活，你会发现能力与乐趣接踵而来。

所以，你成为一个有趣的人，生命才会变得有趣。日子过得没意思？生活过得好无聊？有没有想过，是你自己本身没有找到让自己感兴趣的事、一个永远不能被满足的兴趣。

天天学习的热诚，则是能让人永驻青春的生活方式。

美国有一个老奶奶凯西，她对水彩画非常感兴趣，手绘了好多漂亮的图片。让人看了之后感叹，热爱生活的人，永远是美好的。即使人到暮年，仍然保持着对生命的那分热忱，你活得美好，你的人生就是美好；你活得无聊，你的人生就是无聊。你还有什么资格感叹生命无趣？

曾任美国卫生部部长，推动美国老人医疗保险的约翰·加德纳给感到无聊的我们，提供了简单的愿景：不断地感到有趣。在一个广为流传的麦肯锡演讲中，他说：每个人都想要成为有趣的人，但是真正能滋润、赋予你生命的是不断地感到有趣。

这种滋润指的是内在的青春永驻，是个很有理想性的想法。的确，这很困难，毕竟要每天在规律的生活中不断发现兴趣。而且，当你能够有个对任何事物都感兴趣的心态，自然而然就能散发快乐和热情，滋润自己，不需假装自己很有能量。当你对人生感到有兴趣，你必然会成为有趣的人。

约翰·加德纳特别对年轻、有才能的麦肯锡顾问强调，他不光只是在讲野心，因为野心最终会、也最好需要消磨掉。但是不断感兴趣的热诚、态度则能不断保持着。也就是说，野心只是下一个里程碑、过眼云烟，而天天学习的热诚则是能让人永驻青春的生活方式。

我们最好的状态是每时每刻都在成长，比如天天都锻炼，会让身体越来越好，这就是增值；比如现在有一个困惑，就要想方设法弄明白，豁然开朗的时候，一切付出都觉得值了；比如玩游戏，就玩出竞技水平，进而获得更多的资源。

要保持一个学习的状态，如果你一直在学东西，就是快乐的。学玩游戏时，什么都不懂，你也感到非常快乐；听朋友指点，你是快乐的；跑步时比昨天多跑了一圈，你是快乐的……

5. 试着把照片倒过来，换个角度有惊喜

之前，网上流传了一组很神奇的照片：正着看是满面沧桑的老太，倒着看是如花似玉的少女；正着看是邋遢的老头，倒过来看则是优雅的公主。倒过来看，居然藏了一个神奇的世界！

把照片倒过来看看，你就会发现一切变得更美好。生活中遇到的困难，不妨也换个角度、逆向思维，说不定就柳暗花明了，你也会收获更多快乐！

历史上，我们很熟悉的"司马光砸缸"就是非常有名的逆向思维的运用。

如果有人落水，常规的思维模式是"救人离水"。而司马光面对紧急险情，运用了逆向思维，果断地用石头把缸砸破，"让水离人"救了小伙伴的性命。

李艳偶然聊起现在的孩子压力太大，各种培训、作业、测验，导致部分小孩很早就出现了厌学的心理。她说她孩子起床第一句话就是："妈妈，我今天可以不去上课吗？"有小孩的应该深有体会，这让父母很难应对，但是李艳对于育儿有自己的一套方法。

下面是和她6岁的女儿聊天。

女儿：妈妈，你真安逸，都不用做作业。

李艳：那我来帮你写作业，你来检查好吗？

女儿：好啊。

李艳就把作业做完了给女儿检查，女儿还给妈妈讲解错题、

列出公式，但是她不知道她妈妈为什么把每道题都做错了。

这种方法很有意思，这样做不仅让孩子完成了作业，也体验了当家长检查作业的经历，不可谓不高明。

其实说到逆向思维，逆向思维是什么呢？是对司空见惯的似乎已成定论的事物和观点反过来思考的一种思维方式。这种思维很多人知道，但是运用却很少。

下面是一句非常典型的逆向思维谚语，相信大家都应该听到过。

农夫谚语——我想知道我将来会死在哪里？那我就不去了！

提到逆向思维就不得不提美国投资家查理芒格了，他是个很有意思的投资家，也是巴菲特的投资智囊和最佳搭档，他是个一生都在研究以后会死在哪里的人。

他的思维方式往往反着来，我们总喜欢寻找一些成功的案例进行分析，他却背道而驰。喜欢分析那些失败的案例，寻找一些蛛丝马迹，不让自己犯下诸如此类的错误。

有人问查理芒格：如何找到一位优秀的伴侣？

他回答：首先你要成为一个优秀的人，因为优秀的伴侣并不是傻瓜。

事实的确如此，你将自己经营成一个能配得上对方的人，所谓良禽择木而栖就是这个道理。

有一家人决定搬进城里，于是去租房子。全家三口——夫妻两个和一个 5 岁的孩子。他们跑了一天，直到傍晚，才好不容易看到一张公寓出租的广告。他们赶紧跑去，房子出乎意料的好。于是，就前去敲门询问。这时，温和的房东出来，对这三位客人从上到下地打量了一番。丈夫鼓起勇气问道："这房屋出租吗?"房东遗憾地说:"啊,实在对不起,我们公寓不租给带孩子的租客。"

丈夫和妻子听了,一时不知如何是好,于是,他们默默地走开了。那 5 岁的孩子,把事情的经过从头至尾都看在眼里。可爱的心灵在想:真的就没办法了?他那红叶般的小手,又去敲房东的大门。

这时,丈夫和妻子已走出 5 米来远,都回头望着。

门开了,房东又出来了。这孩子精神抖擞地说:"老爷爷,这个房子我租了。我没有孩子,我只带来两个大人。"

房东听了之后,高声笑了起来,决定把房子租给他们住。

其实生活中让人困惑的事情不胜枚举,但是利用逆向思维考虑,又觉得也没有想象中那么不堪,换个角度来想事情,或许就柳暗花明了。

到这里,你是不是了解逆向思维的意思了,那么就在生活中多多运用,相信拥有逆向思维的人,一定也会是个有趣的人。

下面是逆向思维的几种主要类型和使用方法:

(1)反转型逆向思维法

这种方法是指从已知事物的相反方向进行思考,产生发明构思的途径。

比如:市场上出售的无烟煎鱼锅,就是把原有的煎鱼锅的热源由锅的下面安装到锅的上面。这就是利用逆向思维对结构进行反转思考的产物。

(2)转换型逆向思维法

这是指在研究问题的时候,由于解决这一问题的手段受阻,而转换成另一种手段或者思考角度,以利于问题的解决。

（3）缺点逆向思维法

这是一种利用事物的缺点，将缺点变为可利用的东西，化被动为主动，化不利为有利的一种思维方法。

比如：金属腐蚀对我们没有好处，但利用金属腐蚀的原理进行金属粉末的生产或者电镀，就是缺点逆向思维的一种应用。

缺陷，在寻常人眼中往往是难以接受的，但尺有所短寸有所长，只要善于发现两者的最佳结合点，就能化腐朽为神奇。

6. 告别循规蹈矩，让平庸无聊的事情趣味横生

我们常常会心血来潮做一些事情，比如买个烤箱做蛋糕、学习烹饪、晚上去小区广场跳绳、周末去练瑜伽、去健身房做力量训练……刚开始兴致勃勃，但很快就觉得太枯燥了，然后就是厌倦、放弃。其实，并不是这些事情本身无聊，而是我们没有从中找到乐趣。

有趣的人不同，即便是那些我们想想就觉得没劲的事情，比如背单词、写代码、写作、读书、跑步等等，他们也能别出新意，找到背后生动艳丽的色彩。

"脑洞大"的人都是怎么跑步的？

在很多人看来，跑步是一项非常好的运动，可是单纯机械的运动难免有些枯燥，让人难以坚持。如何让跑步变得有创意又有乐趣呢？

近日，一个跑"福"字为亲人朋友送祝福的小伙子在网络上引起了很多人的关注。他组织了20多名热爱运动的小伙伴

们，用手机软件记录跑步轨迹，"跑"出了"幸福2016"的文字图案，让人不禁感叹，原来跑步这样一件枯燥的事也可以创意无限。

孙鹏是矿务局医院骨科的一名医生，工作的特质让他对运动产生一种执着的爱好。他偶然看到了这则网帖，报名参加了这个跑"福"字的活动，并且得到了很多人的支持。后来他开始号召更多的伙伴们开展这样的活动，希望通过活动，让越来越多的人加入奔跑的队伍中来。

比起之前的跑"福"字，这次创意跑准备更加充分。先是将要跑的字形图案写在纸上定点，再在操场上记录。然后孙鹏和同伴们拿了20多把凳子定点在操场上，最后由他带队绕着凳子，跑完一个字，停下截图。

跑步软件记录的结果显示，跑一个"幸"字要花几分钟，奔跑距离约为0.8公里。"幸"的笔画较复杂，所以跑起来难度比较大，而后的"福"字因为有经验，所以相对容易许多。

在群里得知有这样的活动，一位跑友和很多伙伴一同赶过来参与了孙鹏的创意跑，他们觉得这样比单纯的跑步有意思多了。

人们在长年的生活经历中，总会形成一些思维定式，而有些思维定式给我们造成了束缚和视野的狭隘。

在生活中跑步总觉得是有些枯燥的，远距离长跑更让人敬而远之。可实际上只要打破常规，它也能玩出花样、玩出乐趣。用跑步软件跑出各种图形大集合的方法，就赋予了跑步一种全新的时尚乐趣。

我们在日常生活中，也常被思维禁锢所恼。有时候凭自己的经验和想当然看待事情，就像给自己戴上了一副有色眼镜，使所看到的世界改变了颜色，在不知不觉中情绪被左右，行为被支配，造成了不必要的束缚。为什么有的人开心快乐，有的人抑郁伤心，重要原因之一是自我的思维定式在作祟。改变一下自己的思维定式，就能改变我们的生活。

一点点改变，就会有大差别。

生活的道路总是曲曲折折、坎坷不断的。这时候，就需要我们改变一下，发挥自己的想象力，让枯燥的生活变得欢乐有趣。

你可以利用以下几招，告别循规蹈矩的生活。

（1）听听音乐

听一些令人振奋和激动人心的音乐。当你开始感到自己手头正在做的事情枯燥的时候，不妨哼一首自己喜欢的歌曲，让自己的动作随着歌的节奏"颤动"起来。

（2）在你喜欢的事情上倾注热情

你是不是觉得每天都在重复同样的事情，生活得循规蹈矩呢？那么，培养一个新的爱好，它可以给你日常平淡的生活增添趣味，还可以学到新的技能，每天都会充满从事新的爱好或是展望新爱好的期待。培养一个新的爱好，还可以将你富余的无聊时间转化成有趣的经历，也可以放松心理压力。不要约束自己，放开来去培养一个新的爱好吧。

（3）开发你的艺术细胞

想不想去学素描、彩绘，或者是专业摄影？美术摄影会改变你看这个世界的方式，让你的每一天都过得有趣。写一首诗、一个短剧，或是一篇小小说，沉浸在文学创作中，抒发你的感情。你不一定要成为大作家，也能感受到文字表达之美，体验丰富的人性情感。

（4）学一项新技能

挑选一样新的技能开始学习总是很有趣的，不管你是学习编织、学外语，还是学习修理汽车。

（5）打开"脑洞"，培养自己的想象力

有什么奇思妙想，就不断挖掘、不断去想，哪怕只是片段，可以的话就写下来。想尽办法把脑洞写圆满，不断在脑中爆炸故事情节，不断演算各种脑洞画面，把所有固化思维抛掉，只留逻辑，不断让自己在各种想法中找到线索，然后想出故事，做一个天生的做梦者。

（6）跳出熟悉的生活轨道

另一个可以让自己的生活有趣的方法是跳出你熟悉的生活轨道，来点新鲜感。找一个机会，不要去做你每天都重复做的事情，而去做你完全没想到自己会去做的事情，不管看起来有多蠢，或是与你的性格有多么不符。

（7）跟大自然沟通

如果你平常老是宅在家里，试一试花一个下午的时间来一次远足，或是一次短途的登山，在这个过程中你会惊奇地发现有很多快乐。

（8）做一些你不喜欢或者从来没做过的事情

比如，看一场你不喜欢看的电影。不管你认为这个电影有多么愚蠢，只要对你来说有全新的体验和感受，就一定会有快乐的时光。

还可以点一些你平常根本就不碰的饮食。你会发现味蕾的全新感受，也会带给你奇妙的快乐感觉。

7. 敞开心扉，拥抱那些好玩又有趣的新事物

经常会听到有人说无聊，上班好无聊、下班后回到家好无聊、周末又好无聊……

我们和朋友聊天，经常听见：哎呀，好无聊！无聊的工作、会议、方案、作业……

请问你一周感觉到了几次无聊？无聊的时候，你会做什么来解决你的无聊？是开始刷微博、看新闻、看韩剧，还是上网看文章？甚至，去百度搜寻好无聊能干吗？

这个世界上，有钱和好看的人太多了，有趣的人却太少了。物以稀为贵，所以无趣的人就变多了。

其实，一个人是有趣还是无趣，就要看他面对新事物的态度了。

无聊的人一般都抱有这样一种态度：因循守旧，不欢迎新事物；安于现状，故步自封，讨厌新事物；唯我独尊，排斥新事物；缺乏活力，思想僵硬，反对新事物。

而有趣的人则是敞开心扉，拥抱未来；欢迎新事物，接纳新事物；甩掉包袱，轻装前进，追赶新事物。

那些对事物有确定鲜明的看法，而不是模棱两可、和稀泥，有定见的同时也保持开放的心态，愿意不断接受新知识挑战的人肯定是有趣的人。而那些无趣的人，内心狭隘，对事情只有刻板的印象，即便语言上能够开开玩笑，也是相当保守，这类人注定是无聊的人。

想要生活得更加美好，一味拒绝新事物无疑是个愚蠢的决定。

动画短片《三个发明家》讲述了这样一个故事。

很久以前，在一幢房子里，住着三个发明家，男发明家、女发明家和小女孩发明家。他们都很有天赋，每天致力于制造各种有趣的机械发明。他们走路时，脚底就是两个轮子，疾步如飞，非常好玩。

男发明家发明了一个随风飞行的热气球，它的上方是氢气球，下方类似于小船与天鹅。在空中起飞时，不仅可以随风飘动，还可以划动"船桨"掌握方向。他坐在氢气球上，吸引众多鸟儿前来祝贺，翩翩起舞。当他开始往地上飞，向人们展示这一个新发明时，人们都被这个新事物吓得躲了起来，直到氢气球安全着陆。就在男发明家从热气球上下来的那一瞬间，吓坏了的人们一拥而上，砸烂了他的发明。

而女发明家创造出了精巧实用的纺织机。她非常高兴，于是准备喊其他的人一起来看。织布机齿轮转动，井然有序，紧接着，一匹有花纹的布料迅速诞生了，众人看得目瞪口呆。女发明家织了另一种花纹的布，这时候，小孩子从梯子上摔下来，惊动了她，她赶紧回房间去抱孩子。当她回到织布机前的时候，发现织布机已经被那几个女人毁坏了，连同刚织出来的布，也被撕烂了。

小女孩发明出了一个发条玩具，出门准备找人一起玩，看到有人在玩扔球的游戏，她也很想加入。于是，就把玩具上了发条，玩具小鸟飞快地向两个小姑娘跑去，她们被吓到了，慌忙地逃回家中，然后在门口，愤怒地踩扁了小女孩发明家的新发明。

这些有趣的发明，遭受到了当地人各种反对和不被理解，最后发明家们被烧死，人们又日复一日地过回了原来那种无聊的生活。

虽然在结尾处注明这一切仅仅是在拍电影，但主人公因为偏见而遭受的种种灾难也引发众人深思：何不敞开心扉，勇敢接受那些有趣的新鲜事物呢？

虽然这个例子有些极端，但是试想一下，如果居民们接受了男发明家，人们会看到许多天空的美好；接受了女发明家，女人们可以更快更好地编织出美丽的布匹；接受了小女孩发明家，孩子们会收获到更多的快乐，生活将因此变得更加有趣更加美好。

得到新东西的想法对很多人来说既兴奋又有吸引力。然而，这种对新奇的爱好，有时强烈到我们认为这就是我们渴望得到的东西，而这掩盖了一个事实：我们的第一直觉往往非常谨慎。

社会在不断发展，我们的生活正在一日千里地向前发展，而越来越多的新生事物，也在不断地刺激着我们的眼球，冲击着我们的生活。

在面对快速发展的社会和形形色色的新事物时，有些人会选择接受，而有些人则选择了拒绝和逃避。然而，想要生活得更加美好，一味拒绝新事物无疑是个愚蠢的决定。

多多去尝试那些有趣又好玩的新事物，你就会成为那个有趣的人。

苏小梅是那种规规矩矩的人，凡事她都喜欢按着规矩来，有点故步自封，不敢去尝试新鲜事物。

出去吃饭，她永远只去固定那几家餐厅，然后点固定的菜。直到有一天，那家店的老板都已经认识了她，还问她说："要不你换一道菜吧？我们家的这道菜也还不错，要试一下吗？"

而苏小梅，一般都是笑笑然后拒绝。

朋友说：小梅，我们明天去那家新开张的餐厅试一下吧？

苏小梅：新开张的啊？也不知道好不好，等别人吃过，大家都说好再去吧！

有时候，苏小梅觉得自己活得挺无聊的，她也很不喜欢这样不潇洒的自己。

可能是因为清楚地认识到了自己的这样一个缺点吧！她开始每天都在心里提醒自己去尝试新事物，不能让自己再这么无聊下去。

大二的时候，他们专业开设了摄影课，第一次拿到单反，沉甸甸的家伙，她生怕把相机弄坏，小心翼翼到不知道怎么开机。后来，经过练习，她能熟练使用单反相机拍出很多很美的照片了，她发现了一个好玩又有趣的新世界。

苏小梅还和她的朋友一块弄了个 Cosplay 工作室，从此，Cosplay 又成了她的另一大爱好。后来工作室的成员发展到了几十人之多，经常参加商演，她还化得一手好妆，自己能做衣服和道具，并且还可以接单赚钱。

苏小梅现在再也不是那个沉默寡言、毫无乐趣可言的女孩了，她很乐意和别人交流，对于摄影、Cosplay 和旅行，她都能侃侃而谈。

在经过了这一番经历之后，现在的苏小梅在尝试新事物的时候变得更加大胆了。

朋友：小梅，你吃面的时候放点醋，真的很好吃！

苏小梅：你确定？我从来没这么干过。

在朋友的再三挑唆之下，她加了醋，吃了一口，兴奋地连连大喊，味道真的还不错呢！

世界很大、很美好，我们要多多去尝试那些有趣又好玩的新事物呀！其实你只要稍加改变，就会发现生活处处皆美好。

你是否会在不知不觉中陷入这样的场景：当朋友向你推荐一个新型手机时，你一点也不感兴趣。以至于当大家都乐在其中时，你还懵懵懂懂地不知所措；当单位推行一个简便易行的工作方法时，很多人都跃跃欲试，并深得精髓。而你却在潜意识里拒绝改变，还希望回到原来的工作方式上……

也许有时是因为你没有心情、有时是不屑一顾、而有时真的是慢了一拍，总之最后的结果是你拒绝了新事物，成了落伍的一员。这并不代表你高人一等或鹤立鸡群，而只能说明你对新事物一点也不敏感，更不感兴趣。这不但会让你逐渐脱离主流，更会使你陷入极其被动的状态之中。永远慢别人一拍，甚至受到别人的主宰，一旦形成这样的局势，生活如何变得美好？

因此，当生活开始感觉陈旧乏味时，我们为何不敞开心扉，去拥抱那些好玩又有趣的新事物呢？

在看似无聊的事情中，寻找到让你感兴趣的事情。

如果你能在那些看似无聊的事情中，寻找到让你感兴趣和充电的事情。相信有一天，你不再会说：我好无聊，而将会是一个时时感到有趣的人。

那要怎样发现那些让你感兴趣和充电的事情呢？下面是不再无聊，让心态青春永驻的秘诀：

（1）自助旅行

旅行应该是最不会令人觉得无聊的事了，因为我们可以放下任务，单纯轻松地学习世界、城市、文化。即使如此，还是会听到有人嫌弃，哪趟旅程不好玩、很无聊。仔细分析，我发现我很少听到自助旅游的人抱怨哪趟旅程不好玩。

当你去自助旅行时，要做些功课，知道该期待什么，旅游途中也会不断地拥抱学习机会。即使旅馆的质量不好或是发生意料之外的事情，你不会怨天尤人，而会自立面对结果。而且之后谈起这段旅程，你会更加的兴奋分享你所看所学的事情。

相反地，很容易听到对旅行社安排的行程不满。或许这是因为选择跟团旅行的人，对这趟旅行没有产生兴趣，而不会主动安排。你的旅行是别人安排好的，你不知道该期待什么，只是听着导游的故事，不会想要创造学习机会。一旦有不如预期的事发生，就容易抱怨旅行社、导游。就算是轻松游玩也无法感受到丰富的乐趣，即便各个名胜都去了，旅程中的回忆会稍嫌薄弱。

（2）主动学习

如果人生是段长跑，野心就像是小段赛事中的奖杯，不断感兴趣的热忱就像每天要吃新鲜早餐的习惯一样。

每个赛事的奖杯，确实能督促你往前跑，但奖赏需要奔跑完才能得到。而且在奔跑的时候不见得能实质地滋养人，当得到了奖杯，观赏一阵子后，还得想出另一个奖杯作为新的目标。

可是有个每天吃新鲜早餐的习惯时，不仅每天会期待明天的早餐，更会每天因为品尝了早餐而心满意足，带给你动力奔跑。

这个新鲜的早餐就是不断学习。

虽然不断学习的热诚能够滋润内在、让人生变得很有趣，但是要养成这样的心态和习惯，比昂贵的保养品更不容易得到。因为人生的确苦闷，每个阶段都有新的挑战、琐事、解决不了的事，排山倒海地压着我们。

约翰·加德纳说，"许多人只是反复做一样的事，我不是在批评他们。人生很苦，光是持续做件事就是个很有勇气的行为。但是我的确担心男人、女人没有发挥他们的潜力。"

从另一个角度来想，就算我们选择不要主动学习，苦闷的事情也不会减少。而且停止学习的代价很高。还记得那些人生时钟已经停止运转的人吗？他们就是停止了学习，没有发挥潜力。那不是永驻青春，而是留在过去。

每个年纪都该继续让自己的人生时钟转动，继续学习的热忱更没有年龄限制。

约翰·加德纳说过："有个迷思是只有年轻人需要学习。但是俗谚说，只有你懂了所有事情后所学的，那才算数。中年是很棒很棒的学习时间，即使是过了中年，也是如此。我在 77 岁时有了新的工作，我还在学习中。"

在你努力培养出吃早餐的习惯前，要先品尝下新鲜的早餐。同样的，要培养出日日更新、天天感兴趣的热忱之前，你要重新品尝学习的滋味。

（3）认识不一样的人、结交新的朋友

认识新的朋友除了经由朋友介绍、工作环境中的等，也可以主动出击去参加会议，认识其他有学习动力的人。想成为厉害的人，先认识厉害的朋友。

这种会议不仅能有教育性质，也能让你在校园和职场外，认识其他想提升自我的朋友。

（4）走出舒适区，去拥抱新事物

当生活开始感觉陈旧乏味时，请去拥抱新事物。当你不确定自己想要什么时，请去拥抱新事物。当你感到困于工作或感情关系中时，请去拥抱新事物。

这并非一条轻松道路，所以如果你更喜欢安全的玩法，宁愿坚守自己当前的舒适地带，就请不要使用这种启发式方法。但若你想去学习、成长，变得更加聪明，那么拥抱新事物就可以作为一种强大的途径，供你从停滞状态抽身而出，向前行进。

拥抱新事物不是火箭科学，除非你想去拜访一个新的星球。它就是一个简单建议，让你去勇敢探索自己未曾尝试、未曾检验、未曾知晓的事物。

很多时候你仍可保留旧的事物，把自己的舒适地带作为大本营使用。当你需在探索间获得休息时便可返回其中，但最终你可能发现探索地带会成为自己新的舒适地带。你也许开始在成长和改变的大路上感到更轻松自在，而非只在自己最喜欢的旅馆里觉得舒心惬意。

若能正面面对自己的无聊，不仅不再无聊，不再如同条件反射般的上网、看电视，也不会唉声叹气。做个梦——梦想着你每一天都会借着学习感到有趣和新鲜。在看似无聊的事情中，寻找到让你感兴趣和充电的事情。

8. 有趣的人，从不刻意讨好任何人

讨好每一个人是不可能的，也是没有必要的。刻意地去讨好一个人反而会让人觉得你很势利、很无趣，甚至会遭到对方的厌恶。如果你对所有人都很好，哪怕是牺牲了时间，自己受了委屈也觉得无所谓，它只会让你感觉到生活的压抑，长久下去不是一件多么好的事情。

有趣的人，无论任何事都不会想着让每个人都开心。因为每个人看待事情的角度都是不同的，为了取得别人的支持，你可以尽量迁就别人，但是也要有个度，过分地谄媚，你不会得到别人对你的认可，反而会成为无聊的马屁精。

只有不随意讨好他人，才能吸引喜欢你的人。

沈娜的初恋是一位心理学的高才生，自从他们在一起后，沈娜就觉得自己又蠢又笨。对方说的话有时候她需要靠百度才能明白，对方喜欢的歌曲、电影、书，甚至喝的咖啡和她完全不是一类。男友跟沈娜说，尽量不让他的这些爱好影响到她。

但是，这已经潜移默化地影响了，而且沈娜中毒颇深，甚至已经到了无药可救的地步。

沈娜后来开始恶补心理学，听自己从没听过的歌，看以前不感兴趣的电影，了解体育和网络游戏。

沈娜为了能和男友有更多的话题，非常拼命。甚至后来，为了讨好男友，她学会了化精致的妆容，学会了踩 12cm 的高跟鞋，学会了露出 8 颗牙齿的微笑，但是她忘了自己的初心，失

去了自我。

后来，他们俩的恋情在经历了一段新鲜感后，还是分手了。

迎合男友的爱好，两个人聊得来固然是一件不错的事情，但不要忘记了在你去刻意地讨好对方的时候请不要失去自我。两个人的三观相同是很重要，但是在这之前你的刻意讨好要恰到好处，不然会弄巧成拙。

人和人的相处，真的是一种艺术，或者是一生中最重要的学问。这其中有一点很重要，那就是要始终保持一种无所求的心理，不要去苛求对方，保持自己的独立思想！双方都不要过度地迎合对方，作为独立的个体都有自己的想法，这样的关系才是平衡的、长久的。

很多人关系越搞越乏味，就是有一方太过于讨好另一方了，这是造成翻脸的原因。

而做到不迎合就要有自己的独立意识，形成独立人格。成为一个独立的人，不畏惧来自他人的反对，不去迎合任何人，有趣的人往往都是具有独立思想的人，他们会按照自己的想法做事，创造精彩的人生。

从不刻意讨好所有人的你才如此迷人。

魏晋时期，"竹林七贤"之一的嵇康旷达狂放，超然物外的自在，不为世俗所拘，而又重情谊。

《文士传》里说嵇康"性绝巧，能锻铁"。嵇康是出了名的爱打铁，他在一棵枝叶茂密的柳树下弄了个铁铺子，又引来山泉，绕着柳树筑了一个小小的游泳池，打铁累了，就跳进池子里泡一会儿。见到的人不是赞叹他"萧萧肃肃，爽朗清举"，就是夸他"肃肃如松下风，高而徐引"。嵇康安贫乐道，经常和向秀一块在大树下打铁，赚钱养家。同时，他也是在以打铁来表示自己的藐视世俗和超凡脱俗的精神特质。

嵇康年轻时很孤傲，从不讨好权贵。当时，身出名门的钟会，对嵇康是敬佩有加。钟会年少得志，19岁就做了官，29岁时就做了关内侯，但是嵇康就是不爱搭理他。有一次，钟会写了本书，想让嵇康提提意见，可又怕嵇康不理自己，情急之下，就隔着墙把书扔到了院子里，然后赶紧走了。后来，做了大官的钟会再次求见嵇康，可是嵇康仍然不理他，继续在家门口的大树下打铁，一副旁若无人的样子。

钟会觉得无趣，只好悻悻地离开了。嵇康在这个时候终于说话了，他问钟会："何所闻而来，何所见而去？"钟会尴尬地回答："闻所闻而来，见所见而去。"

不要去刻意讨好任何人！换句话说，没有人恨的人，肯定是无聊且没有人喜欢的人。别人喜欢你，是因为他们对你身上的某些特质感兴趣。

同样别人讨厌你，也是因为你身上的某些特质让他觉得不爽。奇特的是，往往一个人身上的同一种特质，有些人就是喜欢，有些人就是讨厌。如果你害怕被别人讨厌，那也意味着，同时你也拒绝了一些人的喜欢。

其实，你大可不必为了讨好别人，戴上面具。你企图面面俱到，结果必然是面目模糊。你怪别人记不住你，自己存在感低，那你要想想，你有没有让别人记住的特点？

你把自己藏在了厚厚的面具里，所以你轻飘飘的就像一个幻影，可有可无。你费尽心思想要让每一个人都满意，却收效甚微。因为这个世界上，无论你怎么做，总会有人不满意。

就像写作一样，你写励志鸡汤文，有人说你低端；你写干货，有人说你无聊；你写玄幻网文，有人说你没内涵；你写严肃文学，有人说你古板。你接地气一点，有人说你不正经；你文艺一点，有人说你爱装；你扯淡，有人说你耍流氓……

把你的特点真诚地展现出来，坦坦荡荡做自己，自然就可以成为一个有趣的人，自然就可赢得某些人的喜爱和尊重。至于那些不喜欢你的人，你又何必浪费精力去照顾他们的想法呢？

不跟随，做自己才是有趣的开始

1. "人云亦云"是一个让人变得无趣的品质

"老板高瞻远瞩，说的极有道理，我没有一点意见哦。"

"对对对，就是按照你说的这样去做，肯定没有任何问题。"

"你说的好对哦，我怎么没想到呢。"

生活中有很多这样人云亦云的"墙头草"，完全的舍弃自我，只管跟着别人的话头或者思维，没有一点自己的想法和意见。这样做也许没有什么大的坏处，但长此以往，一定会给人无趣的感觉。

一张脸的颜值再高，也抵不过一个有趣的灵魂。

刘健长相帅气，喜欢他的女孩很多。他和一个很秀气的女孩开始恋爱，但没相处多久，女孩就和他分手了。原因是：他从来都没有自己的想法，让人觉得很没劲。

比如有一次，他和女朋友一起到香港旅游，不知道吃啥，问了一圈朋友，都推荐了同一家饭馆。就连同行的小伙伴都说好，于是就决定去那儿看看。

到了地方，看到店内的装潢特别有日本风味，门口排了上百号望眼欲穿的客人。他们都觉得，这地方应该是来对了。

排了半天队，进到店里，他们发现这里都是一人一个小隔间，桌上没有菜单，就一个表格，上面只有一种食物，只允许挑口味。

"哇，风格真的很特殊。"刘健忍不住喊道。

第一次到这么有格调的地方吃东西，他们忐忑地在表格上打钩下单，然后满心期待地等着上菜。

菜上来了，他的女朋友夹起第一筷子送到嘴里的时候，感觉不过尔尔，很失望，就探过身子问旁边的刘健："你觉得怎么样？"

没想到，刘健脱口道："你吃过风格这么特殊、价钱又这么贵的拉面吗？当然好吃啦！"说完，他还拿出手机拍了张照片发朋友圈，配文是：全香港最好的面馆！

而且，刘健喜欢说一些网上各种流行的段子和流行词，不管能不能逗人一笑，都乐此不疲以此为荣。这也让他的女友很讨厌，觉得他没思想，活得又假又虚伪。

一个人颜值高，能养眼。有趣，则可以调剂生活。一张脸的颜值再高，也抵不过一个有趣的灵魂。有趣的一个很重要的品质就是有独立的思想、鲜明的观点。

所以，当你听到别人错误的言论或做法不正确的话，要敢于发表不同意见，说出自己的想法。

适时地反驳，比赞美有效。

比如说市面上有一部总裁玛丽苏的言情剧很有意思，当然这些剧都是有一定的套路，这部剧也不例外：小秘书反驳高富帅，吸引注意力。

很俗套的剧情，只是这部剧有些桥段很精彩。故事讲述了一个小财务反对总裁对新一期企业债券定价过低，因为上头政策吃紧，老主顾的往来票据显示他们也在死装，很有可能是募集不足。而同时公司的一笔期权交易结算遥遥无期，已面临多次保证金压力，一不小心就要强制交割，财务主管为了推卸责任闭口不谈。

小财务这时大胆地跳出来反对，让总裁印象深刻。再搭配上她稚嫩的妆容、无畏的表情、焦虑却振振有词的语气，总裁瞬间觉得——这个新人啊，傻但有趣。

反驳虽然会让你变得有趣，但反驳一定要有根据，"我反驳的理由是1、2、3……"说得头头是道才行。而不是"我看你不顺眼，所以你说的我才不同意。"

当然，要做一个有自己观点，不人云亦云的人，并不容易。需要你有见识、有逻辑，建立一套属于自己的完整的世界观，并且能在自己的世界观里自如地游走，才能用这一套逻辑去反驳别人。

如果你是那种对自己以外的世界漠不关心，或者的确是没有自己的想法，人云亦云的那种人。那么，首先，你需要加强自己对世界的好奇心，比如说看一下童话故事，重新思考一些简单的东西。据说爱因斯坦也是成年了之后重新思考像时间、空间这样的日常概念，革新了人类对物理世界的认识。其实，成年以后静下心来重新思考一些简单的问题，有时候收获真的会挺多的。

其次，你要对一切观点持怀疑态度。对一些问题尽量先自己思考，而对一些问题在知识方面的缺失不做伸手党，学会自己上网搜集。面对一个问题你要有自己的看法，更重要的是要表达出来。光在脑子里想是不够的，想只是一个抽象的概念，用语言表达出来、用文字写出来这中间有一个过渡，需要你更加严谨地思考。思维是不断地锻炼的，最开始一定有欠缺，但是不要怕别人的挑错。因为这是必经之路，如果你想有自己独立的思维，不再在思维上人云亦云。逻辑是越用越严谨的，语言能力也是越用越强大的。而第一步就是要有自己的观点，并且负责任地说出来。

总之，如果一个人不断咀嚼先人咀嚼过的馍馍，吃别人吃过的饭菜，喝他人喝过的剩茶，跟在权威的屁股后面亦步亦趋、人云亦云，那这样的人肯定是无趣的。

所以，想要变得有趣的话，就先学会改掉人云亦云的毛病吧。

2. 做一个特立独行的人

做一个特立独行、有个性的人，这样才有趣。有人圆润如玉，让所有人都很舒服，但是失去了个性。

曾经有一部很火的电视剧《亮剑》里，有这么两个典型的人物——团长李云龙和政委赵刚。李云龙是一个泥腿子，没有文化，整天骂骂咧咧，但是无论战士，还是那些敌人，都很崇拜他。而赵刚是一个高级知识分子，无论文化和个人修养都非常高，性格温和，原则性强，但是他在团里永远都无法形成像李云龙一样的号召力。赵刚自己都承认独立团可以没有政委，却不能没有团长。

八面玲珑、长袖善舞的人可以朋友满天下，但是却永远没有办法成为一个独当一面的封疆大吏。因为一个可以独当一面的人，一定是有趣的人，他一定有着鲜明的性格，杀伐决断皆决于一身。

宁做一只特立独行的猪，不做一个循规蹈矩的人。

20 世纪 90 年代，山东潍坊有一个农民喜欢造飞机，把半生的积蓄都花光了，用了两个北京吉普的发动机，硬把一个飞机送上 60 米高空飞了一圈。

最后，这位农民飞机制造者死于一次试飞中，死后还欠了人家一笔债，因为他的飞机掉在邻村一个猪圈里，砸死一头老母猪，人家要他老婆赔。

他活着的时候，电视台曾采访他，他面对镜头的笑容特别灿烂。那绝不是 50 多岁中国男人那种局促、不自然、点到为止和皮笑肉不笑的笑，而是顽皮、天真、天马行空、毫无拘束孩子般的笑！

无独有偶，电视上播放了一个四川乐山"飞人"的故事。那是一个已经 60 多岁 20 世纪 60 年代的大学毕业生。50 多岁时他突发奇想，要玩滑翔伞。

没有钱买，他只好自己做，他的滑翔伞被当地人称为"大风筝"。经过几年艰苦的试验，这个"怪人"居然用他的大风筝从乐山最高的山上飞下来了。后来同外国爱好者一起比赛，他的"大风筝"和自学成才的飞伞技术把外国飞伞者吓了一大跳，外国的伞也让他开了眼界！

于是，他离了婚，卖掉了房子，买了一把外国伞，对着电视机说：他要把中国大山都飞遍！只不过最后一个镜头，让我感到他有点不太有意思了，他在山顶要飞之前大声喊着："我要飞！我要让世界的目光集中在东方！"

上面这两个人都是有趣的人，但是做个有趣的人就必须要造飞机、造滑翔伞？这样普通人可能无法完成的事，只要能把普通生活活得不一样，那么这样的人也是个有趣的人。

中国最帅"老鲜肉"。

2015年3月25日，中国国际时装周里，一场主题为"东北大棉袄"的T台走秀，一位白发苍苍却身材健硕的老人，让观众眼前一亮。老人健硕的身材和抖擞的精气神让网友们纷纷点赞，称之为中国最帅"老鲜肉"。

这位老人叫王德顺，出生在沈阳的一个农村家庭，他先是在沈阳电车公司当售票员，后来又去沈阳军工厂当工人。从那时起，他就对文艺演出感兴趣。那时候沈阳工人文化宫上课不要钱，他把话剧班、舞蹈班、声乐班、朗诵班报了个遍，为自己打基础。24岁终于当上了话剧演员，44岁开始学英语，49岁创造了造型哑剧，49岁那年他来到北京成了一名老北漂，没房、没车、一切从头开始。

50岁的时候他进了健身房开始健身，57岁的他再次走上了舞台在世界首创了"活雕塑"，70岁他开始有意识地练腹肌，78岁开始骑摩托车，79岁走上了T台走秀，一夜爆红。如今他

80 多岁了，但是还有梦，还有追求。

一个有趣的人肯定拥有一个良好的心态，不偏激、不愤俗，然后知道自己想要什么样的生活，不被别人的眼光和标准所左右。也许好多人说有意思的人总是活在自己的世界，我们很难懂他们。其实不然，真正有意思的都是和这个社会碰撞甚至妥协之后的产物，它带来的结果是：除了你自己，你的周围都会弥漫着惊喜和愉悦。

有追求才有充实的人生，真正懂得去追求的人，会去寻找不一样的世界。在这里就教大家怎样成为那些特殊的人，尽管鼓起勇气去尝试。

（1）认识自己，活出自己真实的样子

活得有个性，前提是要有个性。所谓个性，大概就是认识自己，明白自己是什么样的人，拥有的是什么，渴望的又是什么，如何去获得自己想要的东西。所以，问问自己，认识了解、接纳自己吗？

（2）想要拥有个性，最基本也最重要的是学会取悦自己

要做到这一点并不容易。你需要成为一个自信、意志坚定的人。需要有丰富的精神世界，有强大而笃信的价值观和世界观。

（3）自信，不在乎外界的眼光

不要轻易地被无关紧要的人的评论所影响，做到自信而坦诚。以他人的眼光来判断是否个性，也不过是他人以为的个性而已。多少人沉溺于其中，以至于失去了自己，没了真正的个性。

（4）做一个有爱的人

无论如何，首先要做一个有爱的人。可以爱物、爱人、爱

天地。因为充沛的爱可以让你自信，并且更坚定自己的路。

踏踏实实地去爱、去生活，不随波逐流。有没有个性，其实就不是那么重要的事了。因为个性本来就是跟别人比较出来的，当你根本不在乎无关紧要的人的评价的时候，你也就不在乎你在别人眼里是否有个性了。

3. 偶尔做点和身份不相符的事

在平时生活中，你是不是觉得自己每天都在过着三点一线的生活？你是否觉得自己的生活枯燥乏味、了无生趣？你是否觉得自己的人生都是在重复同样的路线，前路一片灰暗？这样的生活，你还要再继续下去吗？那就做些什么，让自己变得有趣吧！

找回童年的天真，怎么有趣怎么玩。

李波是一个很呆板的人，他的嘴角是自然往下翘的，所以给人的感觉就是，他总是沉着一张脸。或许因为如此，从小到大，他都习惯了以一个"很酷"的形象示人。在公司里，他的下属都不喜欢和他打交道，就连他和上司之间的关系也很一般。

最近，团队接手了一个新项目，领导想要他们尽量在年底完成进度。一时间，团队的工作量就大了很多，而作为团队领导人，李波的压力也很大。

为了尽快完成这个项目，李波开始没日没夜地加班。每天都筋疲力尽地拖着身子回家，这时老婆女儿都早已入睡，他不得不自己随便吃点，然后倒头就睡。如此持续了大半个月的时间，他的精神越来越不好，情绪越来越暴躁。这让妻子很担心，就想了一个办法为他排解压力。

在一个周末，李波本来想睡个懒觉，不料却被他的妻子硬生生地从床上拖了下来，原来妻子瞒着他报了一个亲子活动。

李波没办法只得睡眼惺忪地和妻子、女儿出发了。亲子活动中有一个环节是舞王大赛，规定参赛者必须是父子组合，而且只能跳恰恰舞。现场的母亲们和组织人员则充当评审进行打分，哪一个组合的分数最低，他们就要为大家带来一段相声。

拗不过妻子，同时也不想让用一双渴望的大眼睛盯着自己的宝贝女儿失望，李波只得硬着头皮登上舞台。老实说，像他这样严肃甚至呆板的人，从小到大除了广播操，他还真没学过任何的舞蹈，哪怕只是一个最简单的动作，他做起来都很拙劣滑稽。

结果可想而知，虽然女儿跳得很棒，但他们还是输了。于是，他又不得不硬着头皮跟女儿当场表演一段相声。当然，台词是组织人员提供的。

就这样，那一天里，李波也不知道自己突破了多少底线，从开始的跳舞、讲相声，到后来的扮小丑、扮老虎狮子、扮猪八戒……总之，他算是丢尽了脸了。

可当他回到家，拿着妻子拍的照片再次回味的时候，看着照片中自己不由自主地露出笑容，跟女儿打成一片，一瞬间，他觉得自己充满了力量。

所以，我们要调整好心态，不要给自己强加一个身份，并告诫自己不能去做与这个身份不符的事。要始终保持积极乐观的心态，只要你的行为处事符合社会道德，怎么好玩、怎么有趣，怎么玩就对了。

其次，要强化自己的内心，静心思考自己究竟想要什么？然后制定计划，去得到自己想要的。比如梦想，甚至是儿时想要的玩具。不要被所谓的身份所限制，如果只是一味地告诫自己，这不能做，那也不能做，时间一长，我们可能就真的失去做的兴趣了，这是很可惜的。对于我们来讲，不管年纪多大，用心生活，感受世界才是最重要的。坚持走自己的路，你会轻松很多。

祝你成为一个有趣的人，祝你永远不要把世界活成理所当然的样子。

据说在澳大利亚有一对夫妇，75 岁的丈夫给 71 岁妻子的圣诞礼物是一辆二手的敞篷跑车。

干了一辈子护士的老太太很喜欢这辆有型有款的黑色大玩具。有记者来采访他们，老太太兴奋地对记者说："现在孙子们特别愿意来，第一件事就是让奶奶带他们兜风。"

戴着大墨镜、太阳帽的奶奶把音响开得震天响，轮番带着孙子们满城市里逛。记者问老头："怎么想起买这么个礼物？"

老头说："今年圣诞前，我问她想要什么？她说要跑车。我去车行转，正好有这辆，就给她买来了。"记者问："你先生一定特别爱你，你真幸福！"老太太冲记者俏皮地哼了一声，不置可否。

这位做了一辈子银行经理、老实巴交的先生好像有点内疚地说："她从 18 岁时就想拥有一辆跑车。结婚后我们连生四个孩子，再加上股票投资失败，直到现在才有能力圆她这个梦！"

原来老太太年轻时是个美人，又出生在伦敦的一个大户人家，18 岁时被这个曾当过飞行员的小伙子迷住。不顾家庭的反对跟他跑去了非洲，之后又移民到澳大利亚，过了一辈子紧紧巴巴的中产阶级生活。记者问老太太："你这一辈子是不是特别有意思？"

老太太愣了一下，然后若有所思地说："有什么意思？这就是生活。但现在我觉得生活太有趣了。"可不是吗，即使是看惯了特立独行的澳大利亚人，也觉得她现在是个很有趣的人。

作为一个年过古稀的老人，开着跑车去兜风，想想就是特别有趣的事情。正所谓知行合一，我们始终要秉持自己的本真，不违背自己的心意，做自己就好。

因此，放下对身份的执念，尝试着做点与我们身份不符的事吧，这样才显得有趣。不是说，所有的美都是反衬出来的吗！再不疯狂，我们就老了，不是吗！

4. 拥有自己对事物的看法

也许你厌倦了自己每天老土无趣的样子；也许你对任何事情都提不起兴趣来；也许你觉得自己无法出类拔萃。无论什么原因都不要害怕，倘若你想让自己变得有趣起来，就必须改变以前的心态和生活习惯，拥有自己对事物的看法。

奥斯卡·王尔德，19 世纪英国最伟大的作家与艺术家之一。其以剧作、诗歌、童话和小说闻名，他被誉为"才子和戏剧家"。最近，王尔德在网络上很火，出人意料的是，火的不是他的诗歌，不是他的童话，也不是他的小说，而是他的名言。

王尔德把人类看得很透彻，对很多事情都有自己的观点，而且他的表达能力非常强。他广为流传的那些"名言"，其中一些由于非常直白，对比人们习惯使用的虚伪言辞，就越显得他机智、幽默、真实。也有不认同的人，则认为他的那些言论缺乏善意和教养。当然大家都公认他是一个很浪漫，而且很有趣的天才。

对于生活，他说："我们都生活在阴沟里，但总得有人仰望星空。"

对于工作，他说："我不想谋生，只想生活。"

对于交友，他认为："我挑选朋友的标准是他们的美貌。"

对于金钱，他说："我年轻时还以为金钱最重要，如今年纪大了，发现那句话一点不假。"

对于别人的褒贬，他说："这世上只有一件事比被人议论更糟糕，那就是不曾被人议论过。"

王尔德的段子成了励志名言，从表面看，许多王尔德名言属于三观不正。比如"我挑选朋友的标准是他们的美貌。""我年轻时还以为金钱最重要，如今年纪大了，发现那句话一点不假。"如此直白地追求金钱、美貌的宣言，为何这样受人欢迎呢？那是因为王尔德是自嘲自黑的高手，这些话既是宣言又是批评，既抬高了自己又贬低了自己。

王尔德还把人分为了两种，他说："把人分成好和坏是荒谬的，人要么迷人，要么无趣。"那么我们怎样锻炼自己，让自己也成为王尔德那样的人，拥有自己对事物有独特看法的、迷人又有趣的人呢？

第一，要对事物有最基本的认知能力，这取决于各种因素。

比如：身体素质、教育背景、家庭条件、成长经历。一句话来解释就是：一个幼稚的人是很难有什么认知和理解能力的，人一定会越来越成熟，才能拥有对事物的独特看法。

第二，要学会审视自己。审视自己的想法，审视自己的欲望，学着去理解和控制自己内心对周遭的反应和认知。随着时间和阅历的增长，你会慢慢积累对这个世界的了解。比如，怎样炒一盘好菜，需要很好的厨艺吧？但在此之前的前提是：还要有足够的材料才能造出一口大锅，弄出一盘佳肴来。烹饪这件事和人们表达出对世界的认知是一样的道理，所有的认知都是材料，只有材料多了，你才能得出属于你自己对事物的看法。

第三，从别人的故事里学习，接受新鲜事物。举个例子，如果你住在一个有苹果和梨的地方，而你又比较喜欢吃梨，所以梨就是这个世界上最好吃的水果。但如果有一天，一个外地人跑来教会你种植西瓜，那么你的认知就改变了，水果变成了三种：苹果、梨和西瓜。

第四，保持理性和自信。还是上面那个例子，当我们吃多了梨后，第一次吃了西瓜，你觉得最好吃的水果还是梨吗？有的人觉得西瓜的出现很新鲜，比梨美味，所以西瓜最好吃；有的人认为从小到大都在吃梨，有家乡的、熟悉的、很难忘的味道，梨还是我最爱的水果；还有的人说，无所谓，都好吃，喜欢吃什么就吃什么。

那为什么说保持理性和自信很重要呢，中心只有一个：坚定。

一个犹豫摇摆，今天这样说、明天又那样说的人，是很难有自己的独特见解的。如果连自己的见解都不肯定，那就不叫见解，其智慧性也就值得怀疑，是经不起推敲的。

我们要不以和大众看法一致为耻，有时可能群众才是正确的；也不要为了独特而故意转变看法，因为有时是"英雄所见略同"；不在潜意识里贴靠社会公知或小众意见领袖，因为虚假经不起时间的检验。总之，不是奇怪的、唯一的看法才叫独特的看法，发自内心的才是，这才是最重要的。

最后，无论你对事物持什么样的观点，都没有对错，都是自己独特的看法和理解。当这些看法形成后，就是你独特见解的雏形，随着时间的沉淀，慢慢地你就会变成对事物有独特见解的人。

5. 保持你该有的傲娇

"傲娇"一词起源于日本美少女游戏，现在已被广泛运用于动漫、大众媒体等传播媒介中。据说也是"萌"属性的一种，具体就是指态度强硬高傲、说话带刺、不讲道理。但是在不同环境条件下，又会迅速从任性蛮横转变成害羞温柔、撒娇发嗲的状态，用一个词形容就是外冷内热。

傲娇的人都很"萌"、很可爱。

说起"傲娇"这个词，你的脑海里是不是会立刻浮现出曾经很火的韩剧《来自星星的你》，毫无疑问男女主角都是很傲娇的。国民女神千颂伊傲娇的走路时鼻子都恨不得冲天上，青梅竹马的富二代"男友"追了二十多年也未得手。而来自400年前的外星人都教授的傲娇可谓尤甚，一张小嫩脸看着俊俏无比，却是个冷美男！这一对"傲娇"走到一起上演了一场火星撞地球的大战。

这种傲娇的"萌"属性在都教授身上也多有体现：他表面上看似冷漠，别人都把"二货"的千颂伊奉为女神，他却不屑一顾，还公然打击她的傲娇，当着众人的面有理有据地指出她抄袭的论文，态度冷傲得让千颂伊恨得直咬牙。

可事实上呢，每当千颂伊被人伤害、性命堪忧的一刻，都教授都会出现，冻结时间来救千颂伊于水火。展示他极尽温柔魅力的一面，分明早就爱上了女主角还害羞不承认，以为这样就可以骗过自己，时间一到就能挥一挥衣袖坦荡地回到自己的星球。也正是男主角这些傲娇又有趣的品质，在电视里俘虏了女神的心，也在电视外俘虏了万千少女的心。

回到现实里，我们面对身边各类傲娇的少年，可能你会恶狠狠地对他们说："你这么傲娇你父母知道吗？"虽然表面斥责，心里是不是也在想：你呀，虽然傲娇，甚至有点神经病，但还是很有趣的。毕竟，对很多人而言，有趣是交朋友的第一原则。

为什么越傲娇的人越有趣呢？

美国心理学家阿伦森曾做过一个实验，将 80 名大学生被试分成 4 组，每组被试者都有 7 次机会听到某一同学（预先安排的）谈论对于他们的评价。

方式是：第一组为贬抑组，即 7 次评价只说被试者的缺点不说优点；第二组为褒扬组，即 7 次评价只说被试者的优点不说缺点；第三组为先贬后褒组，即前 4 次专门说被试者的缺点，后 3 次评价谈论被试者的优点；第四组为先褒后贬组，即前 4 次评价被试者的优点，后 3 次评价被试者的缺点。

实验结束后，心理学家要求被试者们各自说出对该同学的喜欢程度。让大家意外的是，"先贬后褒组"最具有好感，这就是著名的"增减效应"，也叫"阿伦森效应"。是指人们最喜欢那些对自己赞扬不断增加的人，最不喜欢那些赞美不断减少的人。

无独有偶，美国心理学家阿隆索和琳达在研究亲密关系时，也验证了这一效应。被试者要求与4位异性接触，这4位分别是对自己"一直有好感""一直讨厌""一开始有好感后来讨厌"以及"一开始讨厌后来有好感"的，最终测试出被试者对哪位异性好感最强烈。结果显示："一开始反感后来有好感"的异性显示出压倒性的优势。这证明傲娇的强大魅力，比起从始至终都对自己态度很好的人，人们会更倾向刚开始被冷淡对待，然后又逐渐被温柔对待的人，这种反差会让人越发产生愉悦感。

强烈的傲慢之后流露出的温柔很吸引人，同样，狂风骤雨之后的彩虹也格外明艳动人，"增减效应"又一次证明了人心的捉摸不透。

你可以在生活中，表现出自信、高大上，特立独行的感觉；在工作中，要树立权威、说一不二，具有不可替代性；在恋爱中，要表现得独立自主，而不是非你不可的牛皮糖……反正就是看似不近人情，还带有一点距离感。只要做到上面所说的这几点，在多数情况下，你就会拥有一个与众不同的形象了。

不过心理学家特别叮嘱：玩傲娇有风险，别一不小心把自己玩坏了。过分表现出冷峻高傲，光只看见你的"傲"，会让别人对你退避三舍，谁还有闲情逸致去发掘你的"娇"啊！而且，傲娇久了，为了不造成某些可能出现的麻烦：比如在亲人、朋友、爱人面前，或者只在特定的人面前，不要老是一副傲娇脸。在特定的环境下，也要向他们表现出你内心温柔炽热、天真烂漫的一面。比如说，在朋友需要帮助的时候挺身而出；在项目成功后像孩子似的雀跃；在恋人生病时 24 小时呵护守候……

总之，当你为你的傲娇范苦恼的时候，别怕，保持你的傲娇就好了，傲娇会让你变得更有趣。当然，如果你因为傲娇被人指责的时候，你可以很傲娇地和他争辩，或者大笑三声，喊道：我傲娇我骄傲，怎样？！

6. 如果你有想法就表达出来，而不是憋着

有很多的人在面对别人的质疑时，不敢表达自己真实的想法，总是默认启用认真听的模式。即使对方说的并不正确，也不敢辩驳，大脑完全停止运转，只能听但不能说，而在事后却有千言万语想为自己辩解。却发现重新再谈这个话题，只会更尴尬，于是就选择放弃，最后别人对你的误解更多……

事实上，当你有了自己的想法时，恰恰应该说出来。

说出自己的看法，可以帮助你理清自己的思路，加深自己的理解，并帮助你迸发新的想法，让你成为一个与众不同的人。

我们有自己的想法，将自己的想法说出来，就能让别人知道自己的存在。用自己的语言、自己的想法、自己的行动告诉别人你的存在。甚至要试着颠覆别人的认识，改变别人的世界，

用自己的眼光，去争取自己的生活。不管别人怎么看你，争取自己最想要的，否则，你只会成为一个无知无趣的人！

你的伪装让你变得无趣。

欧文亚隆在《爱情刽子手》一书中，讲了自己跟一个叫作贝蒂的来访者之间的故事。欧文对胖子有近乎极端的厌恶，尤其是胖女人，所以当他看到胖乎乎的贝蒂走进咨询室时，就知道自己要开始一场内心的斗争。

在开始的几次咨询中他简直不能坚持下去，每次聊天都是一场煎熬。更糟糕的是，贝蒂的讲话方式让他觉得特别无聊，她不停地在东拉西扯，转移话题，每当谈到严肃的问题，她都会轻描淡写地笑起来，然后想办法让对话难以深入。

有意思的是，贝蒂却认为自己是一个幽默健谈的人，跟各种各样的人都聊得来。她说："我是个随和的人，大家都觉得和我在一起聊天特别舒服。"可欧文知道，贝蒂说话太过小心，从未向别人展现自己的真实想法，这让她很难跟别人建立真正的亲密关系。

直到有一次，欧文跟贝蒂坦白说："我感觉我们的对话一直浮于表面，你不要憋着，试着将你的真实感受告诉我，说实话，和你聊天让我感觉到很无聊。"

之后，贝蒂终于开始试着敞开心扉，表达自己的真实所想。欧文才发现，其实贝蒂是个很有思想、很睿智的女人。欧文又在后面的咨询里，非常坦白地诉说了自己对贝蒂感受的变化。贝蒂笑着说："其实我也早已发现了你对我的看法，你在开始的时候对我很厌恶，而且你从来都没有触碰过我。"

最后，欧文对她说："我知道你也许是因为胖，所以一直在伪装自己，以保持自己良好的性格，不敢表达真实的想法，害怕失去关系。但你有没有发现，正是你的伪装让你变得无趣，你的言语让我觉得你无聊。当你不再憋着，真实地表达自己的想法和感受时，我反而对你有了兴趣。"

所以，学会表达自己内心的真实想法，也是一项很重要的能力。敞开自己的胸怀，敢于讲出你的真实想法，学会表达，拥有自己独特的价值观，才能真正地让你成为有趣的人，才能让别人喜欢你。

一直以来，徐璐都是一个不喜欢辩论、不喜欢解释的人。有什么想法、什么委屈，大都喜欢憋在心里，而展示给人的永远是那种知书达理的形象。

在工作中，若和同事出现意见分歧，她几乎很少去为自己的观点辩解。因为她觉得，与其辩解，不如认真聆听他人意见，从中吸收有价值的东西。如果对方说得对，那就改进；如果说的不对，那听过就好，不必在意。生活中，她永远是倾听的人。点头、微笑、安慰，尽量让别人在和她的沟通交往中没有压力，没有负担。

她的男友性格外向豪爽，工作是酒吧经理，每天都和酒吧的各种辣妹打交道。

男友酒场经历多了，交际能力理所当然就变得很强，交流技巧更是不用说了。有时候，为了完成酒吧卖酒的任务，会在灯红酒绿中哄有钱人买酒给女生，或者哄女客人喝酒。

徐璐也知道男友的这些事情，但她总是憋着，她对自己的品行要求很严。她总是会和男友说，既然你是这个职业，那你就好好工作吧。虽然嘴上这么说，心里却总是疑神疑鬼。

男友和她说，如果她心里受不了，那就发泄出来，哪怕是打骂都行，但她总是装作没事的样子。男友工作很累了，回来再面对这样无趣的徐璐，生活就无趣了，最后男友提出了分手。

她很疑惑，开始反思自己。最后，朋友告诉她：你把自己伪装得太好了，不像一个活生生的人。纵然再善良温柔、谦逊温和，在别人眼中也只是个"无公害"的机器人，很难产生亲近感。有谁会对一个无论对什么事都是同一反应的人产生好感呢？

这些事例告诉我们，即便你迎合他人、取悦他人，别人也未必会喜欢你，反而你的曲意逢迎，容易让人看轻你。

是啊，你为什么非要憋着呢？无论你做得怎么样，总有人喜欢，也总有人不喜欢。你不可能得到所有人的喜欢，但是你有可能让大家都尊重你。

如何赢到他人的尊重，就是要让别人看到你的价值，看到你闪光的那一面，你要优秀、强大、独立、自信，才有可能得到尊重。

如果我们一味地否认、压抑自己，从来不表达自己的想法，我们将渐渐失去表达自己的能力。我们压抑了表达自己的情绪，就阻碍了我们和内心的连接，失去了感受情绪的能力。甚至变得麻木，无法意识到情绪的细微变化，变成一个单调无趣的人，对别人的情绪反应更是"呆若木鸡"。

怎样让自己变得健谈？如何让自己善于表达？

（1）人为什么怯于表达？是因为怕别人难以接受自己的意见，担心别人会怎么看待自己……最终目的就是保护自己不受伤害。有了保护自己的私心，就很难与人融洽，即使你这时能表达的头头是道，对方也很难接受。所以做人要大气一些，不要光想着自己如何如何。

（2）即使你要表达自己的意见，也要先把自己稳下来，心平气和地去说。人的语气很重要，你抱着平和的态度，对方也会受到感染，也会给你一个好的回应，这样才能收到好的效果。

（3）平时多学习，多看书报和影视，丰富自己的知识。一个故步自封的人，是很难感知这个多彩世界的变化无穷的。

（4）多接触社会活动、人际交往，增长自己的见识。有些人为什么怕接触社会？也许是觉得自己地位低微，也许觉得自己长得不如人家，所以才把自己封闭起来，目的是为了保护自己。不管怎么样，人活在世上总要与人交往，还是逼着自己去参与社交，没有人能代替你走好自己的路。

（5）建立自信，增强自己的胆识。打仗靠勇气，做人也是一样。心态和意愿是第一位的，端正自己的心态，有个不怕死的精神，朝着自己的目标前进吧！

（6）敞开自己的胸怀，表达出你的言语和你的善心，才能真正地让你成为健谈的人。善于表达的人，再加上正确的道理，才有可能改变别人。

7. 是否有趣，主要看你有多"真实"

所谓人无完人，我们每个人或多或少有这样那样的缺点。有时候，在别人面前，我们会小心翼翼地伪装自己，让自己看起来完美一些，但这样也让我们活得很累。比起完美的伪装，其实，在与人交往的时候，袒露自己真实的一面未尝不可。莎士比亚就曾说过，一个人往往因为有一点小小的缺点，更显出他的可爱。

《红楼梦》中的史湘云是个有趣的人，林黛玉说她像个假小子。大家都说史湘云是"巾帼而须眉"，宝玉是"须眉而巾帼"，看似矛盾，不过是率真性情的外露。

湘云平日里喜欢穿男装。一次下大雪，她的打扮就与众不同：身穿里外烧的大褂子，头上戴着大红猩猩昭君套，又围着大貂鼠风领。黛玉笑她道："你瞧，孙行者来了。他一般的拿着雪褂子，故意妆出个小骚达子的样儿来。"众人也笑道："偏他只爱打扮成个小子的样儿，原比她打扮女儿更俏丽了些。"

她与宝玉、平儿等烧鹿肉吃。黛玉讥笑他们，湘云回击道："你知道什么是：'真名士自风流'……我们这会子腥的膻的大吃大嚼，回来却是锦心绣口。"就算是作诗，她也能吟出"萧疏篱畔科头坐，清冷香中抱膝吟"的诗句，俨然以隐女自居。俏丽妩媚夹杂些风流倜傥，使史湘云这一形象更加有趣了。

史湘云还有个缺点，就是不但话多，而且说话太直，在借住蘅芜苑时，薛宝钗曾戏谑："呆香菱之命苦，憨湘云之话多。"史湘云的话吵得她头疼。

她还曾告诫薛宝钗说："你除了在老太太跟前，就在园里来，这两处只管玩笑吃喝。到了太太屋里，若太太在屋里，只管和太太说笑，多坐一会无妨。若太太不在屋里，你别进去，那屋里人多心坏，都是要害咱们的。"莫名其妙地说有人害咱们的话，听的薛宝钗、莺儿等都笑了。薛宝钗再次评价史湘云："说你没心，却又有心，虽然有心，到底嘴太直了。"

最后再让我们来感受一下史湘云英豪之气：青丝托于枕畔，白臂撑于床沿，梦态决裂，豪睡可人。至鹿肉大嚼，茵药醋眠，尤有千仞振衣，万里濯足之概，更觉豪爽也。

现实中我们却恰恰发现，有很多人不允许自己有缺陷。对于这些人，要允许自己有缺点，而不是去评判和苛求自己。做真实的自己，就是接纳自己的所有，并且敢于去向他人暴露自己的缺陷。当我们尝试向他人展示自己缺点的时候，他们才能够真正走近你、认识你。而你的这些小缺陷，更是让别人理解你、喜欢你的大杀器。

谁都喜欢完美的人，但是有点小缺陷的人更可爱，你的缺点，看起来也会很可爱。

许彬交了一个一百分的女友。这个女孩自小就得万千人的宠爱，各方面都是满分，模样精致，性格好，对任何人都彬彬有礼。每周都去跳舞和弹琴，做事从容有度不黏人，也从不聊八卦，从不大笑大哭，几乎没有缺点，完美得像不食人间烟火的仙人。

但是两人相处一个月后就分手了。许彬说他和女朋友相处起来很无聊，也很累，什么事都苛求一百分。

后来他又交了一个女友，有很多缺点，她模样一般，还喜欢黏人，但能陪许彬一起看口水剧，陪他吐槽生活中的不开心。两人在一起的时候，彼此脸上却总是挂着一百零一分的笑容。

真实，让我们变得更有趣；同样，真实，才可能让我们的关系有进一步的发展。虽然真实同样会让我们恐惧，会让我们害怕失去对方。但是可以更加坚定地去相信，真实本身带给我们的巨大力量。

你是不是也想拥有这样一群三观不同的朋友，他们每个人都真实地活着，而且从不掩饰自己的缺点。

那些没有安全感的朋友，都很努力，身上永远满满都是正能量。

说话直的朋友，虽然总是不经意间出口伤人，但是总能帮我们指出事件的重点。

那些看到蟑螂都夸张地大叫的、胆小的朋友，她那小鸟依人的样子，也会惹人爱怜。

完全没有意志力的朋友，一直吵着要减肥，但每次面对美食都缴械投降，最后成了美食达人，以及我们的美食顾问，大家每次聚餐都会喊着她，她也因此拥有一堆朋友。

热衷于各种八卦和奇闻逸事的朋友，和他聊天永远不会无聊，而且每次都能从他那里得到一些很奇怪的想法。

头脑发达简单四肢的朋友，对待朋友极为义气，不管我们有任何事，他永远是第一个站出来的人。

只有这样有点小缺陷的、敢于袒露自己真实的一面的朋友，才会让你的世界更加有趣。

8. 没有业余爱好，你会无趣到没朋友

无趣的人经常会抱怨，生活好无聊啊，日子过得没意思啊。其实，是他们从不知道如何打发时间。而有趣的人都会有一两个业余爱好，他们在爱好里放松自己、丰盈自己。

更关键的是，当一个人在做喜欢做的事的时候，心情就会

满足、美好，这样的人怎么会无趣？

生活就是和喜欢的一切在一起

祝捷是《时尚芭莎》文化版的副总监，也是著名的图书策划人。他在豆瓣阅读开设了《城市里的手艺人》和《起风的日子》两个专栏。

祝捷是典型的双鱼座生活家，敏感细腻，感受力极强，能发现生活中一些微小的快乐，也能体察事物转瞬即逝的变化。她常常说，生活就是和喜欢的一切在一起，而她喜欢的，恰恰都在文艺的领域。

去年 11 月，她在豆瓣上发布了一篇日记，专门描写她认识的手艺人们，这篇日记叫作《城市里的手艺人》。在这篇文章里有：理发师凡师傅、随园书坊的设计师朱赢椿、用古法手制桂花糖露的若谷、日料厨师、做香的、文身师、斫琴者……文章在豆瓣很受网友们欢迎，祝捷顺势在豆瓣阅读开了个同名专栏。在专栏的介绍里，她这么写道：

"我要记录生活里最真实的手艺人，平凡之中方见天地，我在每门手艺上都发现了禅机。

城市里的手艺人，弥足珍贵，因为他们除了要打磨技能，还要对抗浮躁的社会，全靠自己的意念。我不知道自己还来得及做一个手艺人吗？我是如此渴望一门可以与外界交流的手艺。

我后来明白，我羡慕的不是手艺本身，是专注手艺背后带来的宁静，是手艺人细腻优雅的生活方式。"

祝捷很细致入微地描写了这些手艺人，并且在这个过程中，她也喜欢上了这一门门手艺，以及其中的生活哲理。她感悟到，在手艺里，人生都很慢，一辈子只做好一件事，一生只爱一个人。

如今，这位笔耕不辍的文艺女神又写起了小说，开了一个新的专栏叫《起风的日子》，专门写身边人的爱情故事。用她自己的话说，"我爱的东西有很多，总体来说就是，纯真的一切。那些人的本质就是纯真，听他们的故事，感觉置身于林中，林中安静，但却有风。"

达尔文晚年后悔地说："如果生活可以重新开始，我一定要养成每星期都阅读诗歌、欣赏音乐的习惯。"可见兴趣爱好在我们生活中的重要性。

业余爱好蕴藏着无穷无尽的乐趣。它可以帮你减轻压力，为你提供认识、结交新朋友的途径。一个人要想获得真正精彩的人生，至少应有两三个实实在在的爱好。如果到了晚年才开始说："我会对这个或那个发生兴趣"，实在是为时已晚了。

所以，为了让我们的生活丰富多彩，不至于虚度光阴，成为无聊之极的人，我们要发展各种各样的兴趣爱好，只要自己喜欢就好，这样的人生才是有趣的。

寻找一个适合你个性的业余爱好。

拥有爱好是缓解压力、发挥创造力、结交新朋友的一大途径。事实上，适合你的爱好有许许多多。但是，如果你没有一些休闲娱乐活动的话，对你而言，很难判断什么样的业余活动是会给你带来乐趣的。以下有一些建议，让你找到一个适合你自身个性而且又乐趣无穷的兴趣或爱好。

（1）回顾童年

那些你在孩童时期喜欢做的事情，现在你长大了，还在做吗？或许你以前热衷于收集、或许喜欢给你的布娃娃缝制衣服、又或者喜欢骑着自行车出去，重拾你过去的东西，没准就会重新成为你的兴趣爱好；最近被你忽视的却早已在家着手做的事，这也许就是你的爱好；也许是时候该完成你的编织工作了；或许是你重新拿起吉他再轻弹一次的时候了。

（2）开启你的寻物之旅

如果你对以前喜欢做的事，现在丝毫提不起兴趣，那么去工艺品店或运动用品店、附近的音响店或书店转转，看看有什么能吸引你的，或许这比较有用；浏览并看一看吸引你眼球的东西，或许你会发现你被食谱或剪贴画集吸引住了。这就给你提供了一条线索，让你寻找你感兴趣的事物。

（3）从小事做起

如果你把一些新东西带进你的生活，那你就必须花时间去经营它，或者将注意力转移到其中来。以前我们要么用大把大把的时间来上网；要么是看电视；要么纯粹在浪费时间。令人欣慰的是，我们现在可以好好利用这些时间，看看能不能每天或每隔一天挤出半个小时左右，去探索感兴趣的东西。如果有一个方法让你可以从小事做起，那就最好不过了。在你寄希望于你的台球桌之前，去俱乐部打一场台球；或者买一套工艺品来试试怎么组装，而非只是买大量的生活必需品。

（4）寻找适合你的习惯

每个人都是不同的，选择什么样的兴趣爱好，你的个性确实起到了重要的作用。如果你没有太多的耐心，那就去探索简单速成的手工项目，或许这样是更好的选择。

也许你喜欢和朋友外出，那你就要找到一些与你志趣相投的驴友，与他们一起去冒险、去探索。

想想那些你将要爱上的东西，然后再想想要如何拓展它们。如果你总是点好喝的饮料，那么你可以在家试试做些这样的饮品；如果在你心爱的餐厅里，你无法抗拒那些装饰的绘画，或许你应该学一些绘画或者学习摄影；又或者按照你自己的方式探索色彩。事实就是这样，你不会在你一出门时就遇到理想的活动。但你在尝试新事物或探索那些外在的东西时，可以得到很多乐趣。去做些网络搜索、参观参观图书馆，不要害怕尝试新事物，很快你也会拥有一些兴趣爱好，一些能提供很多娱乐和缓解压力的爱好。

记住当做一件事情的时候，先要问自己，这是你喜欢的事吗？如果是，那就去做吧，从这里出发，我们去创造有趣的生活、有趣的人生。

世界就像万花筒，有心人总能发现好玩的

1. 下雨了，除了匆忙躲避，你还可以漫步其中

　　一个有趣的人应该是一个热爱生活、心思细腻的人。他们对大自然的馈赠有独到的见解，他们对一只小动物、对一株小小的植物，都能够发现美好。他们善于在一些别人看来平凡无奇的存在中，以自己独特的眼光看到其中的美好。

　　王越是个上班族，工作很忙，白天上班，晚上回家还要加班到深夜。

　　他的合租室友是个20多岁的女孩，也是个朝九晚五的上班族。所以，虽然两个人做邻居已经一年半了，平常也交流过，但还是不熟的样子。

　　这天晚上快1点了，王越总算把手头的活都干完了，抬头一看外面下雨了，就来到窗前看夜景，调节一下自己疲惫的身心。突然看见小区的花坛边，一个人正在那淋雨，定睛一看，原来是自己的室友。

王越本来不想多管闲事，可是心里有些过意不去，万一室友遇到什么事情能帮还是要帮一下。

于是，王越硬着头皮，拿了把雨伞，下了楼。来到楼下，王越递过去雨伞，询问室友怎么了。没想到室友啥也没说，说了声谢谢，就上楼了。

又是一个下雨的加班夜，王越干完手头的工作，眼睛不自觉地往窗外看了一眼，天哪，邻居又跑去淋雨了。难道她受了什么刺激，王越虽然这样想着但还是下去了，这次，室友和王越攀谈了起来，"谢谢你。"室友真诚地说道。"不客气，这都是应该的。"

"你没事吧？"王越问道。

"没事，我就是喜欢淋雨"，室友边说边俏皮地笑了，"我一直认为淋雨是一种享受、一种快乐，那会洗涤我的内心，使我从阴郁中脱逃，变得开朗。小的时候我们很喜欢在下雨天冲出去，可能当时我因为年幼，并不觉得淋雨会怎么样，恰好相反，我会觉得很舒服、很有趣！但会引来妈妈的白眼！

慢慢地我参加了工作，但我还是喜欢淋一淋雨。有人觉得淋雨很爽，有的人觉得淋雨的人有'病'，但我却觉得淋雨很有趣。很多时候我们打着伞排着队在拥挤的人群里，假如我们放开自己，真的可以有完全不一样的感受！有的时候淋雨也仅仅是为了回忆一下童年而已！"

王越听了室友的话不好意思地笑了，原来，这个邻居是童心未泯啊。

回忆一下，当你还是个好奇宝宝的时候，应该都有过这样的童年经历：

就是像疯子似的跑到雨中欢快冲撞，大声呼喊，就仿佛下的不是雨而是快乐。

小时候的我们，对世界的一切都充满了好奇，也对大人们充满了抗拒。因为在我们眼中，大人们太无趣，太无聊了。他们总是对我们说着"不行""不能这样""你错了""NO"……他们总是限制着我们对世界的好奇、对快乐的追寻、对新奇的热爱。他们想要我们做一个乖宝宝，可是做那种循规蹈矩的乖宝宝，实在没什么快乐可言。

小时候，我们总盼望长大，以为只要长大了就没人再管我们了，我们就自由了，可以尽情地追寻那欲求而不得的快乐与精彩了。然而，随着我们一天天长大，才发现，在这长大的过程里，我们自己竟也在不知不觉中，变成了曾经我们"讨厌的样子"，变成了那些"无聊的大人"。

对于成年人来说，谁还会去淋雨呢？社会上有着太多的规范，我们被各种规矩束缚着，再也找不到那个无法无天而自由自在的自己。如果我们主动淋雨，被过往的路人看到，可能会说，"你看这个人，他是个傻子吧，也不找地方避雨。"

让我们在雨里纵情起舞吧。

当然，淋雨虽然看起来很傻，但有时候也可以很艺术。大家如果看过电影《雨中曲》的话一定会记得，男主角洛克在下着雨的大街上旁若无人地"Singing in the rain"的场景，这个场景更是电影史上最经典的场面之一。

《雨中曲》被公认为是影史最伟大的歌舞片，没有之一。其中吉恩·凯利那场浑然天成的雨中嬉戏，是影片中最出彩的地方。

金·凯利在雨里歌唱，在雨里舞蹈，享受的是内心恋爱的甜蜜。踢踏，这种由脚跟发出来的旋律，夸张的肌肉、自如的面部表情、挥动的双臂、上下弹跳自如的双腿，还有随时即可拿来当道具的椅子、桌子、沙发……似乎是没有章法的舞动，却是那样的有律动性，这样的一场舞蹈，只会让人放松，不必去想主人公的复杂心理。它就是这样一个大雨滂沱的时候，随性地呈现在了观众的面前。

在大雨中，两个演员的踢踏舞，配合得天衣无缝，一唱一和。宽松的上衣、掉裆的裤子、系带皮鞋，构成极其放松的装束。和着欢快明朗的音乐，扭动着自己的头部、耸动着自己的肩膀、摆动着自己的双臂和舞动着自己的腰肢，多么活泼放纵的舞蹈啊。

金·凯利高唱着，Singing in the rain，dancing in the rain，好像在邀请观众们：亲爱的，让我们在雨里纵情地舞一次吧！

直到警察跑来，他也要唱完最后一句，做一个完美的结局，将雨伞赠予路人，顶着雨滴大步地跨向前方。

淋雨，感受一个不一样的世界，让身体陌生而惊喜。

淋雨真的很有趣，强烈推荐大家淋一次雨。我们身体的触感平时很少被激活，淋浴时往往空间狭小、空气质量也欠佳，视觉呼吸都使身体、想象力难以放松释放。淋雨则是身处天地之间，雨向身体无法预测方向地扑来，让身体陌生而惊喜。淋雨时，看水花在脚下绽放，雨中就是一个世界。听雨声敲击，会使你的潜意识活跃，释放出真我。淋雨是那么美妙，你可以真切地感受到雨滴的冲击，不真实的仿若梦境。

在雨中雨幕将你和世界分离，水滴在你肩上怦然绽放，打湿的细碎额发开始滴落水珠，黏身的衣服像极了夏天的吻，让你在雨里泅渡……

真的很美，很有意思。

2. 世界从不缺少美，缺少的是发现美的眼睛

生活有时像一杯普普通通的白开水，很多时候我们觉得它索然无味；生活有时又像是路边的一株绿化树，在我们的视野中一一略过，没有留下任何痕迹；生活有时恰似寻常夜空中若隐若现的漫天繁星，我们偶尔不经意地抬头一瞥，却视而不见。

罗丹说："世界并不缺少美，而是缺少发现美的眼睛。"的确，美丽无处不在。关键是看你有没有发现美的心，只要去寻找、发现，就会看见美。

匆忙赶路的时候，不要忘记沿途美丽的风景。

据说，释迦牟尼在未成佛之前，经历过很多次挫折，在世事中学到了很多。

有一天，释迦牟尼要去一个很远的地方，因为急于到达目的地，他便无视路途的遥远艰辛，只顾着没日没夜地赶路。长路漫漫，释迦牟尼累得筋疲力尽，终于遥遥地看到了自己想去的地方，他长舒了一口气。就在心情放松的同时，他感觉到自己的脚下有一颗小石子磨得脚很难受。

其实，在释迦牟尼刚上路之后，就已经清楚地感觉到在鞋子里有颗小石子，不时地刺痛着他的脚，让他很不舒服。

然而，释迦牟尼心思都放到了赶路上，不想浪费时间脱下鞋子取出石子，索性便把那颗小石子当作是一种历练。

直到快到目的地，他才停下急切的脚步，心想：既然目的地快要抵达了，那就歇息一下，干脆就在这儿把那颗小石子倒出来，让自己放松一下吧！

就在释迦牟尼低头弯腰脱鞋的时候，他的眼睛无意间瞟见了道路两旁的山光水色，发现一路上的风景竟是如此的美丽。

他当下便领悟了一个道理：自己这一路如此匆忙地赶路，心思意念竟然只专注在目的地上。其实，过程也是一道风景，正如成佛前的修行一样。

释迦牟尼把鞋子脱下，然后将那颗小石子拿在手中，不禁叹道："小石头啊！真想不到，这一路走来，你不断地刺痛我的脚掌，原来是要告诉我要用心注意生命中的一切美好事物啊！"

确实，生活中，我们常常一边不遗余力地追逐某些东西，一边又常常抱怨着生活的无趣。我们应该去用心去体会生活，然后就会发现，美无处不在。

生活是一团麻，那也是麻绳拧成的花。

为了解除生活带来的烦恼，你可以轻松、幽默地来一句："生活是一团麻，那也是麻绳拧成的花。"是啊，世界原本就是如此美妙的，透过那些剪不断、理还乱的"细麻"，竟然可以看到艳丽而芬芳的花朵。

有一次，李志锐一个人跟着旅行团去旅行，可能因为是特价的团，整个行程下来，意外不断，惊吓连连。

首先，还没出发，飞机就延误了。乘客们在机舱里绑着安全带，百无聊赖地等了 3 个多小时，依然不知道什么时候可以起飞。

在这个时候，有人破口大骂，大喊大闹要旅行社赔偿损失，要航空公司赔钱。而李志锐邻座的那对母女，却一直安安静静，小女孩时不时发出快乐的笑声。

在起初得知不能起飞的时候，小女孩也很烦躁，妈妈就读书给她听，渐渐进入故事里安静了下来。后来，她们还一起玩猜字游戏，外界的嘈杂和混乱好像与她们无关。

到酒店的第一个晚上，就下了雨，所以原来安排的篝火晚会只能取消了，很多人又开始闹起来。大部分人都选择窝在房间和酒店的大堂里打牌、聊天。李志锐注意到那对母女，向前台借了两把雨伞，然后独自出门散步了。

回来的时候，小女孩的裤子和衣服都湿了，鞋子上还沾满了泥水，可是她的笑容告诉别人，她有多开心。她和李志锐说，她认识了很多在城市里没有见过的动物和植物，手里捧着一把不知名的野花，说要带回北京去。

这次的旅行让李志锐很感慨，他很敬佩那位妈妈，只有她在意外不断的无聊旅行中，从容淡定地发现生活的美好和惊喜。

美无处不在，只要用心去体会——有趣的生活在于寻找。

生活中原本有许多美妙的东西，只是我们的心灵太匆忙、太浮躁了，没有好好去品味那些隐藏在生活背后的美好真意。其实，只要你肯打开心灵的窗户，用一颗平静的心去欣赏生活、感受生活，你就会发现生命中处处充满精彩和快乐。

生活是一处看不厌的风景！我们的生活可以很平凡、很简单，但只要我们仔细用心去体会、去感受，就能够发现生活背后很多美妙的东西。然而不会欣赏每天的生活，是我们最大的悲哀，其实我们不必费心地四处寻找美，美本来就是随处可见的。

人生有趣的地方，是要我们用心去发现的，按部就班的日子里也有如初春般显露的新绿景色；只要用心去体会，波澜不惊的生活中也有如咖啡加伴侣般的另一番滋味。生活中很多片段或许只是一些普通时刻，但只要用心体会，普通时刻也会成为值得回味的愉悦时光。

用心去感受生活。只有用心去感受了，才能更加珍惜生命，才能真正地懂得如何用一颗感恩的心面对他人和自己。在感受的过程中，你会找到新的希望。用心去感受，感受生活的美好、感受亲情的温暖、感受友情的真挚、感受爱情的甜蜜……一切的一切。你只要用心去感受，你会发现用一颗感恩的心面对这个世界，人生真的很璀璨，有趣的生活在于寻找。

3. 做饭，其实是一件很有意思的事

好多人抱怨自己不开心，生活无趣，死气沉沉。每天都过着同样的生活，重复上班、重复见一群朋友、穿相同款式的衣服、听相同类型的歌。这样的生活没有趣味，怎么样才能从这长久的无趣中走出来？那么既然无趣，何不找些事情让自己的生活变得有趣起来？

生活是需要乐趣的，乐趣是需要找寻的。从哪找？或许可以试试做饭。

在一个不拥挤不喧嚣没有吵闹的周末，上街买菜回家淘米开火，可以穿着旗袍踩着拖鞋系着围裙下厨房，是一件美丽而浪漫的事情。食物和你的恋人一样，唯有用心烹制，才有唇齿留香的余味。

全天下的好女子和好男子，都应该在炊烟和炒锅前经历过，才知道生活是一件严肃且慵懒的事情。你的食物养育着你的内心，它是什么样的，你就是什么样的。

唯有美食与爱，不可辜负。

李林彤和丈夫结婚后过着平淡的生活，但是最近她的工作很忙，业绩还不太好，让她的心情很糟。

为了排解压力，让自己的生活不那么压抑无聊，她最近渐渐喜欢上了做饭。以前她从未下过厨，都是老公做饭，现在老公看到她这么积极，也放手让她去做了。

此后，李林彤每日下班回来，就不再想工作上的事情，开始慢慢准备做晚饭。

做饭可是个大工程，要想好买什么菜，怎么做。然后再进行择菜、洗菜、切菜等一系列的工序，而李林彤对这一切都一窍不通。她先到菜市场去逛了一圈，这里看看，那里摸摸，即使很多菜吃过，却不知道叫什么名字。所以就会好奇地问人家卖菜的这个是什么，那个是什么，也会换来摊主善意的微笑。

经历了艰难的选材后，李林彤开始小心翼翼地洗、切、炒，虽然笨拙，但她乐在其中。

她很喜欢听菜倒进油锅里的"滋啦"那一声脆响，哗啦哗啦再翻炒几下，浓香便渐渐溢了出来。此时，她会即兴唱起王蓉的《水煮鱼》：我爱你，就像爱吃水煮鱼，我要永远把你放在我的油锅里……

这时，她的老公正陪着孩子在写作业或看电视，她在厨房里能隐约听到他们的笑声。此刻，她心里是很快乐的，感觉一切都很美好。

当菜出锅后，她就一边端着菜，一边大叫几声吃饭了。自然，声音之大是恨不得骄傲地告诉全世界的人，我已经做好饭了，快来吃吧。

她对做饭这事，是越来越上心了。双休日，每到中午，她会买一些米粉回来，水煮、凉拌，翻新了花样地弄，虽比不上饭店里做出来的好看，吃起来味道却很好。

夫妻两个人做饭也很有乐趣，常常晚上两人一起下班回来，都往厨房挤。你洗米来我洗菜；你切菜来我洗碗；你炒菜来我递盘子，两人都争做劳动模范，整个一现代版的天仙配。

至此，李林彤已沉浸在做饭的乐趣里不能自拔，早已把工作上的不顺抛到九霄云外去了，而且她和丈夫的关系，越来越融洽，如胶似漆。

在平淡的生活里，做一桌家常菜，享受一天全家欢聚。其乐融融那种温暖的氛围，这样的日子才会让人过得有滋有味。

下厨做饭是一件很有乐趣的事情，也很让人享受。不管你技艺如何，追求的就是舌尖上的幸福、味蕾上的快感、色泽搭配上的视觉美感、食欲上的不断满足。

随着生活节奏的不断加快，现在大多数年轻人下厨做饭的机会很少了，做饭几乎成了一种负担。找出各种理由，工作忙、没时间、太累，饭店就成了他们的首选。食客、美食家，也成了他们引以为荣的身份象征和追求方式。

然而，与其追求美食不如跟家人、朋友一起做饭、吃饭，这是一种增进感情的良好方式。而一起做饭则更是一种对于制作美食过程的享受，其中更有着无穷的乐趣。也许你所做的菜式很简单，四菜一汤里都是家常菜，但吃在嘴里，乐在心里，因为这是自己的成果，是去任何高档酒店都感受不到的无尽快乐。

生活的乐趣恰恰是在平淡的生活中寻求沟通，创造和谐与完美。卷起你的袖子学会烹饪吧，哪怕是洗洗筷子、刷刷碗、拖拖地、洗洗衣，也能乐在其中。

厨房是制造乐趣的地方，因为这里有着美味的食物和原汁原味的生活。爱厨房、爱生活、爱家庭、爱父母，那就趁早去下厨，展示一下自己吧。把做饭当作一种乐趣，那会成为一种自身修炼，会使生活多一些润滑剂，更是对待生活的一种积极向上的态度。

做饭里的乐趣，来源于你的热爱。

做饭实在是一件有趣的事情，在做饭的过程中，只要用心体会，你会乐在其中。

做饭之前盘算着要搭配的菜品，然后去超市和菜场买菜。比如黄瓜的口感更好，还是西兰花的味道更鲜美？是芹菜的营养价值更高？还是西红柿更加出色呢？这些都是一边挑菜，一边心里思考的东西，这就是做菜的第一个乐趣了。

当然，我们可以每次选择不同的搭配方式，变着花样地来，这就是做饭的第二个乐趣。

做饭的第三个乐趣是享受。几块鲜鲜的肉再配上几片菜叶，几节菜根，经过自己的妙手点睛，就会变成色香味俱全的美食。

而我们享受这个美食的过程是很神奇的，这个结果也很有成就感。

做饭的第四个乐趣，是有懂得的人品尝，并吃得津津有味。

做饭也是需要有人欣赏的，如果做了美味而无人分享，就好比一个女人打扮得漂漂亮亮的却无人欣赏，无聊至极。

做饭的第五个乐趣，也就是最大的乐趣，就是会有人怀念、有人期待。

当你的家人吃够了外面的饭菜时，会情不自禁地怀念你做的饭，这就像有一根无形的线一样，牵扯着他们对你的饭菜的怀念与期待。一直到吃进嘴里、咽进肚里，露出满足的笑容才作罢。

4. 好看的电影，不一定在电影院

现如今，大多数人都喜欢去电影院看电影，他们认为大屏幕和震撼的音效是一种享受。然而，我认为去电影院看电影存在很多弊端，有时候，这些弊端甚至超过了看电影所带来的享受。

首先，你去电影院的路上很有可能会碰到交通堵塞，不能准时到达。就算你准时到了，你也很有可能找不到停车位，而你在路上所浪费的时间可以用来做很多其他的事情。如果你选择在家看电影，就不必担心这些问题了。不仅仅节约了你的宝贵时间，也省下了停车费和油钱。

其次，在节假日，某个很火的大片上映时，你可能花好

几个小时都买不到电影票，这种情况真的很烦人，你就要改天再来了；有时候你成功买了票，但是位置却不够好，很可能离屏幕太近或者太远。当你看电影时，就会感觉到不舒服，这个时候你就会后悔你的选择了，你应该躺在自家的沙发上看电影。

最后，电影院的气氛有时候并不那么好。很多没素质的人会不停地吃东西，当他们嚼东西的时候就会发出声响，而坐在你旁边的人可能会讨论剧情；也有人电话说个不停，这很烦人，不是吗？

所以，去电影院有时候并不那么好，特别是我们有条件可以在家看的时候。如果选择在家看电影，那么以上提到的问题都可以避免。因此，在家中看电影会更为舒适和方便。

一个人在家的时候，看一部让你获益匪浅的电影。

李梦琪，是一个刚刚毕业的大学生，在周末他经常会约正在追求的女同事去看场电影。一次，他们打算看一个很火的爱情片，但是到了地方，发现人很多，他们排了好久的队才买到票。但是等到进场后发现，他们的座号竟然不是挨着的，女孩在他的前排，最后李梦琪只好看着女孩的后脑勺，熬完了这场无聊的电影。

后来，他和这个女孩渐渐没了下文，他也很少再去电影院了。

其实，李梦琪很爱看一些小众的电影，而这些片子很多都是很久以前上映过的，在电影院里根本看不到。所以他开始在网上找自己喜欢的电影，并且坚持每天看一部电影，而这些电影让他收获很多。

《社交网络》《美丽心灵》这两部电影给他很大的启发。《社交网络》讲的是马克·扎克伯格建立全球最大的社交网络Facebook的过程。电影传达了这样一种信念——即使是大学生也可以通过自己独特的思维和全球通用的计算机技术，来创造改变世界的产品。看完这部电影，李梦琪心中充满了创业的冲动。

而《美丽心灵》讲了诺贝尔经济学奖获得者约翰·福布斯·纳什，终身都在和精神分裂症做斗争，却在经济学领域取得举世瞩目的成就。电影非常好地诠释了人应该如何在艰难的现实里追寻自己的价值，也给了李梦琪很大的鼓舞。

追求女生失败后，李梦琪开始思考，男人应该如何对待女人？为此他看了《闻香识女人》；为了赢得老板的信任，在职场中处理好和上司的关系，他看了电影《实习生》；为了如何提高自己穿衣品位和修养，他看了曾获第86届奥斯卡最佳服装设计奖的《了不起的盖茨比》。

在看电影的时候他都是一边看一边做笔记，虽然不再去电影院看电影，但李梦琪的收获好像更多了。他还结识了一批电影爱好者，时不时和他们交流看电影的心得，他整个人也变得有趣了。

李梦琪的经历，给了我们参考，好看的电影不一定在电影院。而当你开始主动去看好电影，也许就在不久之后的某一天，早上醒来你就会发现——自己升级了。那么我们该如何快速找到适合自己的好电影呢？

（1）合理分析目前自己的状况，不管是在读还是刚毕业，找到目前自己最关心的一些主题，或者说最应该关心的一些主题。

（2）带着问题去寻找需要的电影，比如对于人生目标很困惑，可以多去看一些传记类的电影。不要害怕把看电影变成一件功利的事，电影本来就被赋予了帮助人成长的使命。

（3）在自己没有其他辨别能力之前，尽量选择评分和评价相对较高的经典电影，评分可以参考 IMDB（7 分以上为准），烂番茄（70% 为准）。豆瓣主要用来看评价和排除烂片，豆瓣 8 分段以下出现烂片的概率不算低，所以在一定程度限制了选择。

一些另类的观影方式。

在家里看电影，不去电影院，是不错的选择。那么，如果你既不想在家看电影，又不想去电影院，那怎么办？

不用怕，我们还有别的选择。现在人们看电影已不局限于在电影院，除了在家庭中配备相关简化的设备也能呈现同样的体验。还有私人影院、主题影院、汽车影院等观影场所可供选择。在这些地方观众拥有一个独立的空间，躺着看电影就成了很平常的事情。

汽车影院就是在露天放映，观众们坐在自己的车里看电影。

汽车电影最早是在美国兴起的，在停车场前方挂着巨大的银幕，场内立着许多装有耳机插头的柱子。观众驾车进入场内，停在柱子旁，插上耳机，就可以看电影。不久后，这种时尚的娱乐休闲方式随着汽车的普及，很快风靡整个北美地区，现在汽车影院的概念也开始进入我国消费者的生活中。

每当夜幕降临，您可携带家人或三五朋友开着车到汽车影院中将自己的爱车停在最佳的观赏位置，座椅调到舒适的角度，尽情享受电影的乐趣，是不是很酷呢。

5. 下雪了，你不做点什么吗

外面下了鹅毛大雪，无趣的人大多会选择待在屋里，看着窗外的雪景发呆，或者蒙上被子呼呼大睡，而那些有趣的人却摩拳擦掌地准备撒欢了。有趣的你，不要辜负这老天赐予的良辰美景，赶快出门尽情地玩耍吧。

雪可以远观，又可以踩踏捧玩，既为山林之景增色，又能让粮食丰收。所以，下雪天是古人很喜欢的天气，历朝历代文人墨客到了下雪天，都很活跃。甚至，古人在雪天玩的样式，可谓花样百出。

有爬山的：姚鼐雪天登山赏日，虽然被冻成了狗，但是他觉得很有趣，还写了一篇《登泰山记》流传后世。

有打猎的：草枯鹰眼急，雪尽马蹄轻。（王维·观猎）

有追敌的：欲将轻骑逐，大雪满弓刀。（卢纶·和张仆射塞下曲·其三）

有跑去拜师的：著名的程门立雪，便是雪中拜师。杨时和游酢冒着大雪去找程颐老师，但发现老师在屋里睡着了，杨时觉得要讲礼貌，不能打扰老师，那我们在门口等着吧。程颐老师一觉醒来，发现门外站着两个"雪人"。

有搞家庭聚会的：有一次，天降大雪，谢安闲着无聊就搞了个家庭聚会，问家中小辈们大雪纷纷像什么？其侄子谢朗回答，"撒盐空中差可拟"。但在谢道韫眼里，却是"未若柳絮因风起"，从此诞生了一个形容才女的新词汇："咏絮之才"。

还有放风筝的：徐渭有一组《题风鸢图》，其中一首是这样："偷放风筝不在家，先生差伴没寻拿。有人指点春郊外，雪下红衫便是他。"简直不能更直白了，意思就是说，下大雪了，不想读书，跑出去放风筝。老师大怒，派人来寻，有班干部报告，郊外那雪地里穿红衣服的就是他。

有送别的：轮台东门送君去，去时雪满天山路，山回路转不见君，雪上空留马行处。在大雪天，岑参挥着手帕，两眼泪汪汪地和好友道别，这场景让人挺感动的。

有赏雪的：崇祯年间的一个冬天，张岱住在西湖。可是天气不怎么好，接连下了三天的大雪，湖中连个鸟的影子都见不到。张岱在家里待得无聊，这一天凌晨，他划着一叶扁舟，穿着毛皮衣服，带着火炉，前往湖心亭看雪。湖上弥漫着水气凝成的冰花，天与云和山与水，浑然一体，白茫茫一片。欣赏着这优美的雪景，张岱很是自得，觉得这么美的雪景，竟然没人发现。

但是，他到了亭子上，看见有两个人早已铺好了毡子，相对而坐，旁边一个童子正把酒炉里的酒烧得滚烫，这让他大吃一惊。

其中一个人看见张岱，非常高兴地说："没想到在湖中还能碰上您这样有情趣的人呢！"拉着张岱一同饮酒。张岱寻到了知己，非常高兴，便痛饮了三大杯，聊了会儿天，欣赏了会儿雪景，才依依惜别。等上了岸，下了船，船夫嘟哝道："不要说先生您痴，还有像先生您一样痴的人啊！"

有煮雪烹茶的：烹雪煮茶，是古代文人的极致雅事。白居易的《晚起》里就有"融雪煎香茗，调酥煮乳糜。慵馋还自晒，快活亦谁知"的诗句。清晨醒来，好大一场雪，洗手取雪，生火煮水，雪在釜里浮沉，玉肌消殒，茶香四溢，呼朋引伴，好不快活。

有踏雪赏梅的：下雪天，有的人怕冷会待在家里，可孟浩然却很兴奋，下雪天就往外冲。来到长安边上的灞桥，骑着一头驴，踏雪寻梅。到处跟别人说：吾诗思在风雪中、驴子背上，看什么看，我在搞艺术呢。为此，后来苏轼还开玩笑道："又不见雪中骑驴孟浩然，皱眉吟诗肩耸山。"

《红楼梦》中也有个踏雪赏梅的故事。有一年冬天，李纨组织姐妹们以"雪"为题办起诗社，大家在芦雪庭赏雪吟诗。李纨命宝玉去栊翠庵向妙玉要一枝红梅，宝玉从命，很快折回一枝红梅。李纨又命邢岫烟、李纹、宝琴分别以红、梅、花三个字各赋诗一首。一时间，芦雪庭内热闹非常。

贾母高兴，坐着轿子来到芦雪庭，边夸梅花开得好，边饮酒取乐，大家都陪着贾母玩笑。贾母看到不远处白雪之中，宝琴身披凫裘，旁边丫头抱着一瓶红梅，竟像画中的天仙一般。原来宝琴看栊翠庵红梅开得好看，非常喜爱，也去栊翠院折了几枝。

宝玉求梅是一段话儿！宝琴抱梅是一幅画儿！话与画都自栊翠庵起，红梅之艳与栊翠庵之清，自成一绝对也。

有把酒言欢的：唐代诗人白居易在《问刘十九》中写道：绿蚁新醅酒，红泥小火炉。晚来天欲雪，能饮一杯无？当然也可能是白居易喝酒的借口。不过，我们来想象一下，屋外下着鹅毛大雪，诗人在温室中抱着暖炉，炉上温着酒，等着好友的到来。这一切看似平淡无奇，实则是盛唐遗风，雅韵非常。

生活在现代的我们，是不是也应该对朋友发出邀请："雪之将至，不宜行程，不如暂居一宿，你我纵酒畅谈，可好？"

有垂钓的：柳宗元在《江雪》中写道：千山鸟飞绝，万径人踪灭。孤舟蓑笠翁，独钓寒江雪。在漫天大雪中，在几乎没有任何生命的地方，有一条孤单的小船，船上有位渔翁，身披蓑衣，独自在大雪纷飞的江面上垂钓。这是一幅多么生动的寒江独钓图啊！

还有访友的：《世说新语》就记载了一个王徽之"雪夜访戴"的故事。

东晋大书法家王羲之的五儿子王徽之，行为豪放。他虽说在朝做官，却不愿受人约束，常常到处闲逛。后来，他干脆辞了官，跑到山阴隐居，此后他天天游山玩水，饮酒吟诗，活得倒也自在。

有一年冬天，鹅毛大雪纷纷扬扬地接连下了几天，一天夜晚，雪停了。天空中出现了一轮明月，皎洁的月光照在白雪上，好像到处盛开着晶莹耀眼的花朵，洁白可爱。

王徽之打开窗，看到院子里白雪皑皑，甚是美丽，就赶忙叫家人搬出桌椅，取来酒菜，坐在庭院里对月独酌。他喝着酒，观赏着雪景，高兴得手舞足蹈。

忽然，他觉得此景此情，再配上悠扬的琴声，那岂不是更好。由此，他想起了那个会弹琴作画的好朋友戴逵。王徽之一时兴起，马上叫仆人备船挥桨，连夜出发前往剡溪的戴逵家，也不考虑两地有相当远的距离。

冒着风雪，船儿顺流而下，沿途的景色都披上了银装。王徽之观赏着如此秀丽的夜色，如同进入了仙境一般。整整行驶了一夜，拂晓时，他们眼看着就到了剡溪。可王徽之却命仆人撑船往回赶。仆人不明就里，诧异地问他为什么不上岸去见见戴逵。他淡淡地一笑，说："我本来是一时兴起才来的，如今兴致没有了，当然应该回去，何必一定要见着戴逵呢？"

你看，这普普通通的下雪天，古人有了精神意趣，而变得如此丰富可爱。

冬日乐翻天，一些有趣的活动。

我们虽然没有古人那么多才多艺，但约一些小伙伴出去整出些活动玩玩，也是很不错的选择。

正所谓，看雪不如打雪仗。我们可以约上三五好友，在雪地里撒欢的打起雪仗，打出个欢乐的氛围，你追我赶的，好不热闹。

打雪仗玩累了，还可以堆雪人，自己动手堆个很可爱的雪人，这样也挺有趣的。

如果堆雪人打雪仗你都玩腻了，而恰巧你又是个美食爱好者，又怕冷，那就不要待在户外挨冻了，在室内涮火锅也是个不错的选择。

最后要注意，在雪天出去玩耍还是要多多注意安全，路比较滑，还有很多坑坑洼洼的地方都被白雪填满，一个不留神可能会摔跤，一定要记得玩得开心的同时也让家人放心。

6. 砍价里那不为人知的乐趣

砍价现在很是流行，甚至出现了"砍价文化"。我们去农贸市场上买菜，对菜贩所售的货物，到底价值几何，也无从判断。这样，砍价就慢慢形成了。

你是不是也有这样的经历：同样的摊位，同样的水果，你买都要比会砍价的老妈多掏几块钱。其实，砍价也是一种乐趣。买东西，不是单纯的直来直去。要学会看穿这里边的人情世故和一些小心思。为什么那么多的女孩子喜欢逛夜市，逛步行街呢？首先是便宜，还有一点就是可以砍价。砍价其实也是一种乐趣，可以让你生出一种成就感，还给对方一个乐趣。

肖丽是个很会砍价的女孩，这天，她在逛街的时候，在一家服装店里看上了一件大衣，标价为 500 元。

她就和老板说："你便宜点吧，300 元我就买。"

老板回道："你太狠了吧，再加 80 元，也图个吉利。"

"不行，就 300 元。"

随后，肖丽又和老板经过一番讨价还价，最终谈妥以 320 元成交。

但是，当掏出钱包准备付款时，肖丽却发现自己身上所有零钱整钱凑齐也只有 290 元了。老板就为难地说，"那太少了，哪怕给我凑到 300 呢"，肖丽说："不是我不想买，的确是钱不够啊……"

最后，老板似乎狠下心说："好吧，就 290 元吧，算是给我今天买卖开张了，说实话，真的一分钱没挣你的。"肖丽花了290 元拿着这件衣服，开开心心地走了。

老板真的一分钱没赚吗？肖丽当然知道不可能。肖丽真的就只剩 290 元了吗？其实老板心里也清楚，那只是砍价的手段而已。

那件衣服进价不到 200 元，给出 500 元的标价为的是给顾客心理上制造高档商品的感觉，同时留出顾客砍价的空间，在讨价还价中得出顾客愿意支付的价格。最终，老板能保本并赚得一定的利润，肖丽也在砍价的过程中取得了乐趣和成就感，她也明白自己就算再会砍价，老板还是赚钱的。但是这一来一回，大家各取所需，皆大欢喜。

一些个体服装店的经营中，店主一般拥有较自由的定价权。区别于商场服装店的明码标价，来小店光顾的顾客在淘宝之余，也能享受讨价还价的乐趣。在这一过程中，我们就不要和老板们客气了。

砍价博弈很有意思，双方 PK 乐趣多。

著名收藏家马未都讲过一个关于砍价的趣事。

当年马未都在地摊上收了不少货，在收藏界也混出了点名气。有几个外行的大老板找他，说要跟他结伴去玩，顺便买点儿便宜的东西。马未都同意了，但告诫他们到时候不懂的别瞎问。

到那儿一下车，还没到市场呢，就开始有摆地摊的。有一个农民蹲在那儿，前面搁着一个土碗。看着这碗，一个老板就上去，拿脚指着这只碗问，你这个卖多少钱？那老乡抱着碗说，贵着呢，别踢着了我这碗。这老板就来劲了，它再贵也得有价钱吧？人家就说，很贵，五万块。

老板回头看马未都，马未都装作没看见，转身就走了。然后呢，老板见马未都走了，也拔腿想走，老乡却发话了，别走啊，还个价呀，你还一分钱我都不嫌少。

这老乡这么一说，他就愣在那儿，傻乎乎看了半天碗。但是他看不懂这碗是什么来头，也不知道价格，到底怎么还价呢，想了想就说，一千块。

老乡说你得添钱，我不能添。那你添一百块钱行不行？一百块钱也不添！最后老板和卖碗的老乡杠上了。那老乡就说，你添十块钱，让我中午有顿饭就行。他咬定一分不加。这时候老乡说，那好，我今天赔钱把这碗卖给你了。老板只好从兜里掏钱，数了一千块钱给人家。

买完碗，他追上了马未都，问马未都这碗值不值一千块，马未都说："这碗值十块钱，但教训值九百九。第一句话你就出问题了，你拿脚指着这个碗问，这碗值多少钱？你是一种鄙视的态度，人家不管说这个碗值多少钱，你肯定不买。人家先说'贵着呢'，首先是保护自己，同时又将了你一军。你感兴趣了，问具体多少钱，他就说五万元。你一下就闹不清楚它值多少钱了吧。你出价一千元，人家痛快地卖给你了，你心里就会很难过。那老乡不能马上就卖给你，说你给的还不够本钱，你立刻就觉得有底了。人家这句话就是要稳住你，防止你脱套。

他说让你加钱，你连一碗面条钱也不加。你认为自己在坚持底线，可砍价的这个过程，对他来讲实际上是反复确认。一千块也罢，最后他说我赔钱卖给你，你还有路可退吗？如果问完价还完价你不要，那对方就会恼怒。那肯定是要打架的。在他看来，你等于是砸场子来了。所以你只好掏钱。"

这个故事很有意思，也很富有哲理：在一个自己不懂的领域，自作聪明去砍价，也许会被一个普通的碗砸得头破血流。

在享受砍价带来的乐趣的同时，应当注意以下的事项：

（1）证明价格是合理的

比如，市面上大多数衣服价格比成本要高得多。这时，店主会从衣服设计、质量、品牌等方面的优点来证明价格是合理的。所谓"一分钱一分货"，当然这些都只是定价高的理由，顾客要货比三家，然后再购买。

（2）在小事上要慷慨

在讨价还价过程中，买卖双方都是要做出一定让步的。虽然每个人都愿意在讨价还价中得到好处，但也不要贪得无厌。因此，不要在几块几毛钱上斤斤计较。

（3）讨价还价要分阶段进行

和卖家讨价还价要分阶段一步一步地进行，摸清对方的底牌。有的店主很懂策略，不会在一开始就把最低价抛出来，所以，在洽谈初始阶段，要狠狠地杀一下价。这样，可以试探一下对方的底线，当然也不能太离谱，否则就无法谈下去了。

7. 周末，来一场快乐的家庭大扫除

周末放假时，难得清闲，难道就一直睡大觉吗？在休息之余，也不能忽视了你最亲爱的家的整洁卫生。尤其在天气暖和的季节，更需要保持家中整齐干净。不但防止细菌生长，呵护身体健康，而且让屋子明快敞亮可以保持心情舒畅。还是勤快一点，把家里收拾一下吧，收拾完毕后，心情肯定十分舒服。

奇妙的"扫除力"。

玲子找了份编辑的工作。入职第一天，她在办公室的书架上发现了一本很有趣的书，这本书的名字叫《扫除力》，顾名思义应该是一本有关扫除的书。

大扫除还能出本书吗，她很好奇，于是她细细地读了起来，没想到，她一读就停不下来，竟然一口气读完了。这本书很有趣，在阅读的过程中，她得到了久违的痛快感，把书放下，都觉得回不过神来。

入职后，她编辑的工作开始了，改稿子、交复审、做版权、报选题、出片子、核蓝图、签合同……事情琐碎而繁杂。不久，她便觉得体力不支，精神几近崩溃的边缘，对工作热情一路下跌，甚至开始感叹起人生来。

"上班总是没有激情，体力也越来越差……"这时，她突然想起《扫除力》中有关于她这种"症状"的记录，于是病急乱投医般将书翻出来，使劲地寻找"解药"。

按照书中所写，她回到家，将浴缸好好地擦拭了一遍，并泡了一个舒服的泡泡浴。没想到这一下子倒来了精神头，她把家里彻彻底底的打扫了一遍，连沙发底下的空间都没有放过。当所有的垃圾和污垢都清理干净的时候，已经是凌晨。莫名的泪水一涌而下，她想，也许是因为她的心灵得到了冲刷。

从那之后她便开始按照书上的步骤打扫起来：客厅、卧室、厨房、梳妆台、衣柜、厕所……意想不到的事情发生了。每天上班之前花10分钟做办公桌的清扫，编辑工作变得不像之前那样的枯燥与复杂了。没想到，"扫除力"真的有所谓"魔力"。

所以，大扫除其实就像一个仪式，能让我们放松心情，重新获得更多、更有序的空间，给人一种新鲜的体验，给心灵一个仪式感的交代。

《创造高收益》这本书中讲的是，"日本经营四圣"之一的稻盛和夫创业的一些心得。这本书里有这样一个细节：京瓷在历史上有段时间经营不善，员工纷纷离职，一起奋斗过的战友也分道扬镳，公司接近倒闭。稻盛先生非常困惑，搞不懂问题出在哪里。反正也没事做，于是他每天在工厂里一个人做清洁，扫地、刷厕所、割杂草。这样坚持了一段时间，有一天他突然顿悟了企业存在的意义，从此改变了经营理念，使京瓷一下子蓬勃发展起来。

日本著名导演北野武有一段鲜为人知的逸话。有一段时间，在他的事业低潮期，他每天清扫厕所，可不是他自家的，是在日本被认为最脏的公园里的公共厕所！

通过清扫，特别是那些最肮脏的地方，把自己降到最底层，净化心灵，达到忘我的境地。这时才能悟出真正的自我。我想这可能就是"扫除力"的真谛所在吧！

明天，你要不要也体会一下扫除力这种奇幻的魔力呢？

周末一家人一起搞搞大扫除，让家里变得更为干净整洁是很有趣的。尤其是上班族们，平时垃圾懒得收拾，累了一天下班回来，地板应该也很少拖。不过大扫除这活不能是某一个人的事情，累是其次，关键是不利于家庭氛围的和谐发展。

大扫除的内容：

既然是家庭大扫除，其涉及的面肯定比较广，卧室、大厅、厨房、卫生间……每个房间都要搞。做卫生不仅仅是地面的清洁，还包括杂物的收拾、家具及所摆放物品的清洁……

大扫除的注意事项：

（1）劳动工具要齐备，安全措施与护手行动要到位。

（2）卫生死角要加大力度清洁。

（3）多余、一直不用的东西及时扔掉或者卖掉。房子那么贵，要耗费空间来装垃圾真不划算。

（4）大扫除的同时趁机做好物品的分门别类。

（5）辛苦之后，可以外出吃顿美食犒赏一下大家。

（6）轻轻松松泡个澡。经过忙忙碌碌的一整天打扫，家里的卫生肯定得到了本质性改变。看着窗明几亮的家，心情一定很舒服。接下来就该搞搞自身卫生了，赶紧去泡一个舒服的温水浴吧，赶走一身疲劳，换来一身轻松！

8. 偶尔改变一下经常走的路线

其实很多人觉得生活太无趣了，就是因为少了一份激情，试想如果你二十年如一日都在干同样的事情。上班，下班，休息，再上班，生活一成不变，每天如此，一点生活情趣都没有的话，你的生活势必会变得很无聊。

怎么办？可以适当地做出一些小的改变，比如改变一下你的生活习惯。在上下班的路上，走不同的路线。因为我们平时上班的时候都是很单一的路线，我们对路边的建筑、景观都熟记于心了，改变一下路线，可以让大脑再次适应新的环境和建筑，可以有效地锻炼和放松大脑，从而增强大脑的活力。

偶尔改变一下经常走的路线，你会看到不同的风景。

樊奇上班的公司和家里隔着蛮长的一段距离，每天两点一线，甚是无趣。

这天他加班到很晚，脑子里都是工作的事情，一点睡意都无，心想回去也睡不着。不如换个心情，听听音乐，开车看看城市的夜景。平时上班总是走同一条路，路虽然不错，可车还是比较多。

于是，他决定改走另一条稍远的路回家。渐渐他发现这条路虽然不宽，布局却非常好，整洁的道路，中间和两旁都被矮矮的树木自然分隔开了。如果不是左右两旁的别墅隐隐闪烁的灯光，他会觉得像行驶在森林之中一样。他打开了车里的音响，听着舒缓的轻音乐，白天的工作疲倦和窗外城市的喧嚣早已烟消云散了，他瞬间找到了一份久违的宁静……

此后，他上下班开始走不同的路，这样不仅对市区的路线更加熟悉了。有时候天气好的话，他甚至会选择步行上下班，走一走，活动活动筋骨，沿途看着脚步匆匆的行人，逛逛道路两旁的店铺。途中有时候可以发现些好吃的；有时候可以淘点小玩意；有时候跑到很有特色的咖啡店里，跟老板随便聊几句；有时候可以停下脚步欣赏一下沿途的美景、用手机记录下美好的瞬间。比如枯木重生、小桥流水……

这天，樊奇起了个早，他决定如法炮制，走着去上班。路上他刚好经过一个下水道，樊奇发现井盖直动，在往上蹿，扑腾扑腾，他好奇心大起，刚要走近，井盖已经开了，从里面接二连三跑出五六只老鼠，在马路上乱窜。很多行人都看到了，一时间，躲闪、叫嚷声不断，一个女孩儿被吓得蹦得老高。老鼠群向马路对面一家蛋糕店窜去，对面漂亮的营业员听到声音也看到了这一幕，见老鼠窜来，进屋将刚刚打开的玻璃店门关上，老鼠群就在那门前使劲要挤进去，里面的营业员拿着扫帚张牙舞爪地作打的架势，一场拉锯战就这么开始了。

于是，很多路人和樊奇一样，站在那里，傻傻看着，大声地笑……

上班路上遇到的这一幕，肯定会成为很多人的谈资，甚至到单位也许还在说。比如樊奇，就专门发了个朋友圈，和朋友们分享这个趣事，这一天的心情也变得愉悦起来……

虽说两点一线，直线最短，但是在快节奏的现代化生活中我们不妨放慢脚步，偶尔多绕几下，用心去倾听、去感受别样的情怀，就会发现生活其实处处充满生机。

一些有趣的出行方法。

当你选择了不同的出行路线之后，就需要考虑一下交通工具的问题。近年来，随着我们生活水平的提高，我们可以选择的交通工具越来越多，这些五花八门的交通工具可以充分体现你的个性。

以下是几种很另类的交通工具：

（1）电动滑板车，重量12KG，虽然现在已经被扣上了"代驾专用"的帽子，但是实用性上还是不错的。

（2）平衡车，比较"高大上"的交通工具，重量25KG，在马路上的回头率超级高，不过相比独轮车，平衡车的上手难度降低了很多，基本玩几下就能学会。

（3）体感车，其实就是没有把手的平衡车，重量约10KG，上手难度也不小，需要用脚尖来控制转弯、前进、刹车。

（4）共享单车。2016年底以来，国内共享单车突然就火爆了起来。如今，在各大城市路边排满各种颜色的共享单车。共享单车由于其绿色低碳的理念，已经越来越多地引起人们的注意。

"A little change can make a lot difference in life."没有尝试，

你就永远不知道有多美好的人、事、物在等着你，这些看似不起眼的小改变，都将成为你生活中美好的点缀。

做一点小小的改变吧，如果你已经开始行动了，想必你一定会看到令你惊讶的事情。一点小小的改变，却能造成惊人的效果，何乐而不为呢？

9. 放弃开汽车，骑自行车去看风景

骑自行车是一种生活方式，更是一种潮流时尚。在荷兰的首都阿姆斯特丹，从孩子到老人，从邮递员到公司经理，从大学生到职员，几乎人手一辆自行车。

骑行，是一种健康自然的运动方式，能充分享受闲暇生活、旅行之美的运动。如果你在城中心，骑行可以变成一种绿色出行方式，平添了很多生活乐趣。清晨骑车去买一束鲜花；骑着爱车为附近客人送咖啡。如果想旅行看风景，一辆自行车配上一个背包，穿上骑行服，戴上骑行头盔、眼镜和手套，简单又环保。驶过颠簸的路途，穿越黑暗的隧道，在不断而来的困难当中迎接挑战，在遥远的他乡体验风土人情，在旅途的终点品尝成功。

洋葱头是一家服装店的店长，还兼着全职太太的重任。有很多人选择别的运动方式来调整身心，比如瑜伽、跑步、游泳，但她最喜欢用骑车这种灵活自主的方式，为家人准备丰盛一餐。

因为工作时间相对自由灵活，所以她常常背着环保布袋，骑车去附近菜市场买菜，渐渐从家庭任务变成了她喜爱的事情。

为了买鲜嫩的蔬菜，她选择了一辆绿色小型自行车，比每天开车去灵活方便。

Clark 是个咖啡店老板，对于自行车很多技术上的东西，他并不专业，但他有自己的骑行方式。

Clark 的咖啡馆在一个居民小区里，他喜欢收藏各种自行车，店门口就摆着一辆红色复古的邮差车，漂亮、醒目。他参加复古骑行大会时，戴着一顶很好看的飞行帽，还一直强调对于骑行技术上的东西了解得不透彻，谦虚地认为自己对自行车的兴趣，还停留在外貌协会层面上。但他用他的方式表达对骑行的热爱。在店里不太忙的空闲时间，提着小篮子，骑着自己心爱的车，为附近爱喝咖啡的客人送咖啡。

泡泡是个电视台的编导，她骑着一辆喷着薄荷绿颜色的单车，坚持清晨骑着车去买鲜花。这辆绿色的车是新淘来的，她叫它"Tiffany 绿"。早晨从家里出来，要先穿过嘈杂的菜市场。在很多逛早市买菜的大爷大妈的回眸下，她骑着绿色的爱车，像风一样吹过菜市场，闪过众人眼球后，直奔花市。这个季节，正是每周都可以收获芍药花的美丽季节。

在这些城市骑行者们身上，我们看到，其实骑单车不光有代步的功能，它还能让你更时尚、更有趣。没有汽车的时候我们没有选择，现在骑车可就洋气了：环保、有范儿、享受慢生活。

选一款适合你的自行车。

骑车是很低碳、环保、新潮。但我们要选择一款适合自己的单车，搞清楚自行车的分类是件很基础的事，以免你在车友圈子里露怯，也方便你挑选一辆适合自己的自行车。但某种意义上又不那么重要，因为越来越多的自行车产品，对于分类的界定趋于模糊，没那么难了。

（1）"死飞"

这个名字是不是很酷，一些技术帖上说骑这种车需要一些技能，所以连小偷都不怎么下手。这种车的优点，一是价格低廉；二是确实需要点儿体力，可以磨炼意志。还有，死飞的造型很好看，如果你是一个喜欢街头文化的潮人，那可以买一辆"死飞"了。

（2）公路车

很多人都有过环法梦，看环法赛事一定不能自拔，想象自己就驰骋在其中，环法的黄色领骑衫是一大批赛车爱好者的殿堂。从专业角度来说，公路自行车车身重量是最理想化的轻便，当然，这些是为了适用于公路路面的小阻力和骑行的高效率。所以，如果你是个娇气的姑娘，那买之前，要多多考虑你骑行路线的路况和自己的体力了。

（3）山地车

网上有一张图在骑行爱好者中疯转，图中葛大爷和姜文就骑着山地车，虽然是当年宣传电影的一个噱头，但是仍然吸引了一大批跟风者。现代城市周边的地貌丰富，山地车必定是有用武之处，事实上，周末骑行登山的项目早就成为人们周末的必要活动了，而山地车也是在中国普及最快、用户最多的一个车种。

（4）复古车

复古车也就是"dutch bike"，说到荷兰单车的模样，你是不是马上想到奥黛丽·赫本那个优雅的姿态，所以这类车适合一些怀旧的人群。如果你是个喜欢复古的骑行爱好者，那么骑上凤凰、永久、飞鸽，优雅地骑行去吧。

（5）折叠车

如果你是朝九晚五的上班族，你可以买个折叠自行车用于通勤，骑车通勤可以和公共交通来接合，还可以放到汽车的后备厢里。

骑行让我们在旅途中放松自己，一切真切地体会始于脚下的精彩。

选好了自行车，那就开始享受属于你的旅行吧！

有人说，关于旅行，有一种方式只属于自己，那就是骑行。更有人说，看风景，开车太快、走路太慢，骑车刚刚好。

当你连续工作5天后，想调节下生活节奏，又不愿宅在家里，又不愿开启奔波易堵的车程，只想着简单地游山玩水赏景观物，那么，骑行便是最优的出游方式。

对上班族们来说，开车太快、走路太慢，唯有骑自行车，才是最适合探访、发现人文美景的最佳方式。在假期里，放下繁忙的学业与工作，背上不重的行囊，踏上自由的旅程。在自行车上，一边看着不断倒退的风景，怀着对未知道路的憧憬，一边真切地体会始于脚下的精彩。

更重要的是，骑行生活让我们在旅途中放松自己。同时，旅途中看到各地不一样的蓝天、白云等美景，都成为我脑海中最美的回忆，同时激励着我们不断地前行。

自行车普及、流行以及所创造的自行车文化，很难简单的概括。我们不妨从身边各式各样的人对于骑行的爱好中，感悟运动的快乐。一路骑，一路瞧，在广阔的世界里，来一次身心与自然亲密接触的运动！

第四章

有趣能让自己开心，更能让别人愉悦

1. 有了幽默感，你会觉得人生更有乐趣

幽默感，其实就是有趣的一部分。在不尽如人意的生活中，幽默能帮助我们排解愁苦，减轻重负。用幽默的态度对待生活，我们就能摆脱愤世嫉俗、牢骚满腹的生活状态了。

什么是幽默？很多人以为幽默就是会搞怪、会讲笑话、会讲荤段子、会讲各种网络流行段子，其实并没有什么用处。关于"幽默"的定义，林语堂这样解释："幽默是一种人生的观点，一种应付人生的方法。幽默没有旁的，只是智慧之刀的一晃。"林语堂不会为了人们发笑而去制造幽默，他的幽默更像是生活的一种调味品，不刻意、不做作，顺手拈来、水到渠成。

所以说，会讲些类似段子的东西，不能说是幽默。幽默说简单也不简单，它需要你在生活中发挥自己的一些睿智或者童心，并且一以贯之。拥有了幽默感，你会觉得人生更有乐趣。

"绝对小孩"朱德庸。

台湾地区著名漫画家朱德庸，是一个非常有幽默感的人。在他年轻的时候，与儿子相处从不会考虑自己是个父亲，而是一本正经地让儿子叫他老弟。他常常跟儿子抢东西，把儿子弄得哇哇大哭；有时候还会趁着儿子上厕所的时候，跑过去在儿子画的"威武的东西"头上"插"一把刀。为此，他的太太不得不语重心长地告诫儿子："别看你爸爸个子比你大，其实身体里住了一个比你还小的小孩。"意思是，让着他一些，别跟他怄气。

在家里，朱德庸是个模范丈夫，一家人的三餐由他包揽，不管味道如何，总能让太太孩子吃得心满意足。为此，他当选为当年的台湾地区"十大新好男人"。

记者就以此问他："你当选'新好男人'后，感觉怎么样？"朱德庸一听，笑着说："事实上，我觉得只做一个'新好男人'还达不到较高的标准，我还要往更高的层次走，就是当一个'贱'好男人。因为'新好男人'嘛，这个'新'总会变旧，但'贱'却永远是贱，所以要做'贱'好男人。"他这个观点一出，周围的人都乐了。记者赶紧追问他，"贱"好男人与"新好男人"的差别在哪儿？朱德庸一本正经地说："新好男人就是老婆跟他说你去洗衣服，老公就说好。'贱'好男人的老婆跟他说你去洗衣服，老公就会说，除了衣服，还有没有别的要洗的。"

朱德庸简直是把生活活成了段子的人，让人羡慕。人生的旅途漫漫，因此，我们需要拥有幽默感，才能拥有快乐有趣的一生。

睿智犀利、妙语不断，是孟非主持的拿手好戏。而对于自己的幽默感，孟非则认为不能视为一种能力。"幽默感不能像培养写作能力一样培养，幽默感是小小的'奢侈品'。生活中，没有幽默感一样活得很好。但有了幽默感，你会觉得人生更有乐趣。和人相处更融洽和谐，让你的生活更愉悦，所以幽默感更多的是一种生活态度。"

常常有观众问他怎样变得这样幽默的，谦虚的孟非连连摆手称："经验谈不上，无非是多看看书，多出去走走，俗话说，读万卷书，行万里路嘛。"

孟非认为，幽默感没必要强求学习和锻炼，"首先得有一个开朗的性格，才可能具备幽默感。而所有给我们带来幽默感的东西，实际上是换个角度理解问题。"

那么怎么去培养自己的幽默感呢？

（1）开阔心胸，保持乐观的心态

幽默与乐观是孪生姐妹。很难想象，一个整天愁眉苦脸的人，会有幽默感。相反，一个具有幽默感的人，却能从自己不顺心的境遇中发现某些"戏剧性因素"，而使自己做到心理平衡。

而且，我们不要对自己有不切实际的过高要求。不要过于在意别人对自己的看法，学会理解别人。正确地认识自我，不论在什么样的环境中总能保持一份愉悦向上的好心情。

（2）罐装材料

知识丰富能让你无所不谈，任何时候都可以拿任何事物来幽默一下。学到别人怎么幽默还不行，还要活学活用。要关心国家大事、网络新闻，丰富自己的语言资源。比如"不管你信不信，我反正是信了""6 块钱麻辣烫""我只想做一个安静的美男子"等句子，在生活中都是可以运用的！

（3）幽默就是力量

如果在交往中逐步掌握了幽默技巧，就能巧妙地应付各种尴尬的局面，很好地调节生活，甚至改变人生，使生活充满欢乐。

（4）突发奇想地转换思维

打破墨守成规的习惯，很容易引发幽默。试着换一种思维方式或做出令人意外的举动，或是改变谈话的前后顺序。发挥想象力，把两个不同事物或想法连贯起来，会产生意想不到的效果。

（5）积累独特的小幽默

经常记一些有趣的故事并加以润色，使之成为自己的独特的小幽默。循规蹈矩的语言或行动方式是不能引发幽默的。幽默是对习惯的一种偏离，突然转换话题或夸张的表演自然会引人发笑，精心设计的故意失误也会令人捧腹大笑。

（6）拥有捕捉有趣之物的眼光

而要培养幽默感，就要先感受和熟悉幽默，从而训练出善于捕捉有趣之物的眼光。将自己当作生活的旁观者，寻找笑点。学校的搞笑同桌、无节操老师、宿舍的二货室友、吐槽帝、学霸；电影界的卓别林、库布里克；文学中的道格拉斯……

2. 有趣的人能把难堪的事说得幽默

人际交往中，总会有一些不如意。事事也不会和自己想象中那样顺利，还有一些莫名其妙突如其来的尴尬，总会让我们觉得很丢面子，甚至感到难堪。其实想明白了根本就没什么，面对尴尬时刻，那些有幽默感的人的一句话或者一个行为，就可以巧妙地化解那些尴尬。更可能会通过他的智慧，让那些本来尴尬的时刻，变成扬眉吐气的瞬间。那么，面对各类尴尬，有趣的人会怎么做呢？我们来看下面这些例子。

高情商才能把难堪的事说得幽默，也能显出一个人的有趣。

《超级女声》出道的李宇春在无数选手都销声匿迹之后，却成了巨星，这跟会说话不无关系。

有一次，李宇春在北京举行歌友会。演唱过程中，一位粉丝上台献了束花，旁边的助理一看，那么一大束花，还要唱歌很不方便，就打算跑过去把花拿走。不料李宇春微微侧身示意不用帮忙，歌友会结束，多家媒体对她进行了采访，一位不怀好意的记者问道："为什么不让助理帮着拿花，是在故意讨好粉丝吗？"

李宇春微微一笑，"这其实很简单，主要是因为我拿得动，又何必去麻烦别人？"

一句"我拿得动"诠释了所有的尴尬气氛，也把她的幽默感表现了出来。让人拍手叫好，如果她像我们平常人一样随性地来一句，"我愿意拿着，关你鸟事，又没有挡你事。"那肯定又会成为媒体口诛笔伐的对象了。

再来说说优雅文艺化的林志玲。

林志玲和一名男子牵手照片被爆，并称是志玲姐姐的男朋友。照片中，林志玲被一个比她矮半头的胡茬胖男紧紧牵手，女神满脸笑容，网友纷纷感叹"一朵鲜花插在牛粪上"。

而林志玲在出席活动时回应此句，"这怎么说话呢，朋友是牛了点，但不粪啊。"

瞧！多文艺多机智，你有没有被她强大的气场感染。用调侃的方式去应付别人的攻击和恶意。高情商、有趣沉稳、机智，这才是让人心生喜欢的女神形象。

正是这些高情商的人才能把难堪的事说得幽默，也能显出一个人的有趣。闪闪发光，人们才能被你吸过去，如果面对诘难一味地反击，反而得不偿失。

情商是你的精神长相，懂得好好说话，能让你变得有趣。

疯狂英语的创始人李阳就是这样的人，有一次，李阳去参加某网站的互动节目，一位嘉宾问李阳："李老师，我观察你很久了，你喜欢在微博上写东西，更喜欢在文字后面加感叹号，恨不能把别人能用一辈子的感叹号一下子用完，这是什么缘故啊。"

李阳答道："用感叹号是我的自由，我是疯狂英语，我与众不同，你不要问这么幼稚的问题。"

嘉宾一脸尴尬，继续问道："凡是强调加重的，反而是内心虚弱的，你怎么看网友的这个观点。"

李阳答道："说这话的人是神经病吧，我对别人没有兴趣。你们都是失败者，成功者在这里，面对面的我多伟大的人，别人关我屁事。"

这样的话一出，直接招到网友一阵炮轰，很长时间不敢露面。

一般而言，成功的人，他们要面对更多"尴尬"和"不堪"，需要面对常人更加难以想象的艰辛和跋涉，其间大多数都是有压力的。

后来，我们从他们脸上，看到的大多是坦然和平和，为什么？这就是境界，他们会选择善良地面对、优雅地面对、坦然地面对，甚至幽默地面对。

情商是你的精神长相，懂得好好说话，能让你变得有趣，更能受到别人的欢迎。

3. 那些让人捧腹的神回复

让人捧腹的神回复，顾名思义，首先是属于"回复"，然后还需要一语惊人、惊世骇俗，达到让人捧腹大笑的境界！当然，对于"神回复"的定义，只能说它本身就非常个性、创意、富有内涵和想象力的开放型词汇，没有具体的或教条式的定义。

"神回复"的基础含义：基于某个问题或者某种现象，给出的出人意料的解答或者解析。或是无心插柳、蜻蜓点水式的调侃，却具有让听者会心一笑、回味无穷、大呼过瘾的绝妙效果。

真正意义上的"神回复"并不仅用于褒义回复，在部分情况下，反而有嘲笑反讽的贬义含义。

而神回复能充分展示一个人的机智幽默。

比如，女人很喜欢问老公：如果我和你妈同时落水，你救哪个？神回复：我和你爸都喝高了，你扶谁？是不是很机智呢，这种就可以称为神回复了。

您幸福吗？我姓曾。

说到神回复的起源现已无从考证，估计这个词语的出现也就在 2010 年前后，互联网社交平台兴起，微博、贴吧、论坛拥有火热人气。但是对于神回复的兴起，可以肯定地说，要完全归功于 CCTV 的大力"配合"。说到这里，我们就必须要说说中央电视台主导的两次让人尴尬的新闻调查了。

2012 年中秋、国庆双节前期，中央电视台推出了《走基层百姓心声》，特别调查节目"幸福是什么？"央视走基层的记者们分赴各地采访，包括城市白领、乡村农民、科研专家、企业工人在内的几千名各行各业的工作者，"幸福"成为媒体的热门词汇。"你幸福吗？"这个简单的问句背后，蕴含着一个普通中国人对于所处时代的政治、经济、自然环境等方方面面的感受和体会，引发当代中国人对幸福的深入思考。

一次采访过程中，一位务工人员面对记者的提问时，首先推脱了一番："我是外地打工的，不要问我。"该位记者却未放弃，继续追问道："您幸福吗？"这位务工人员用眼神上下打量了一番提问的记者，然后轻描淡写地答道："我姓曾。"网友们被这位姓曾的大哥淡然自若的应答深深折服，从此这档调查风靡全国，成为街头巷尾热议的话题，一石惊起千层浪。

其实"神回复"在网友心中的概念，已经远远超过了"回复"的范畴。也就是说，"神回复"并不一定要针对问题或者发问者。只要"回复"能让人感觉到意外，同时又能给人以惊喜，能让人忍俊不禁就可以称为神回复。这种类型的神回复更加开放，往往是网络论坛上展现自己幽默，吸引"围观"的绝佳手段。

脑洞大开的一些神回复。

（1）唐朝时候，少府监裴舒上奏皇帝，说宫里的马粪可以运出去卖掉，算下来一年能挣二十万。但大臣刘仁轨不同意，说这样后人会说大唐皇帝是卖马粪的。

（2）刘伶为人放达，经常在家脱光了搞行为艺术。有人来了就笑话他，刘伶说，我以天地为屋，以屋为衣裤，你们几个钻到我裤衩子里来干什么？

（3）明朝大将戚继光经常挨老婆的打骂，部下看不下去给他出主意说："将军好歹也是当朝名将，怎么能一天到晚被一个妇人欺负，明天我等各执兵器列于两旁，将军请她来军营训话，震慑震慑她，以后日子也好过些。"戚继光听了部下的计谋大喜过望，依计从之。第二天营帐中寒光四射，杀气腾腾，戚继光的老婆进帐看到这种情况，厉声问道："你摆出这副样子，想要干吗？"戚继光双膝一软扑通跪地："别无他意，专请奶奶前来阅兵。"

（4）一句话证明你很无聊。

神回复：这句话一共有五十九笔。

（5）瘦是什么感觉？

神回复：每次不小心把座椅的高度调高了，得找个人帮我坐上去。

（6）公务员怎么做到年薪百万？

神回复：公务员怎么做到年薪百万的方法，都已经写入刑法了，有需要的话可以前去查看。

（7）前女友就是你可以说她不好，但绝不许别人说她不好。这是一种怎样的情怀？

神回复：怎么好意思承认自己以前瞎呢！

（8）这一代90后香港男生的普遍特点是什么？

神回复：一般都不超过二十六岁。

（9）历史上有什么著名的秀恩爱事件？

神回复：烽火戏诸侯。

（10）矮是什么感觉？

神回复：所有人见到我都抬不起头。

（11）为什么在洗完澡之后，一些人会觉得自己变帅、变漂亮了许多？

神回复：脑子进水了。

（12）有什么赞扬让你比较尴尬？

神回复：哎呀，这位小伙子，人不可貌相啊。

这些神回复是不是很有意思，和朋友交往中多使用些神回复，会让其看起来更加有趣。

4. 善于自嘲的人会变得越来越有趣

我们每个人都不是完美的，但又不能因为不完美而放弃对完美的追求。做人做到 80 分，对于少许的瑕疵，可以抱着开放的心态，被人嘲笑一下也无妨。聪明的话，可以先下手为强，先自己自嘲一番。一来可以堵住别人的嘴，二来真的增进亲近。

自嘲是一种高级幽默。

小鸥是个性格文静、工作努力的姑娘，她做到了 HR 主管的职位。狮子座的她，行事雷厉风行，和绝大多数的狮子座女人一样，但是总体偏冷。

最近小鸥怀孕近 4 个月了，营养有点过剩，猝不及防地圆润起来。于是小鸥的同事们，开始对她半开玩笑地指指点点。

这让她有点不舒服，但她又不好发作，毕竟都是同事，大家还要在一个屋檐下工作。

小鸥这样遇冷则冷的性格，让她自己越来越苦闷，甚至由于怕人说自己吃得多，而饿肚子。她沉思好久，决定放下自己的架子，改变自己。

小鸥的公司没有食堂，他们中午都要订外卖，大多数同事订工作午餐都是本着经济实惠的原则。这天，小鸥订了一份超级贵的营养午餐，什么披萨啦，人参鸡汤啦，甚至还要了一些烤串。她的饭量之大，让同事们叹为观止。

而面对同事们的玩笑，她学着用快绷不住笑场的口吻，扔出一句迷之自信的话语，让大家奉上膝盖，"像我这种有钱人，又这么瘦，吃了还不胖"。

这句自嘲的话语正中大家的笑穴！尤其是这种和她平时高冷气质的反差，让很多同事都刮目相看。

此后，小鸥的自嘲变得更加频繁和有笑点。同事们慢慢地发现原来这个不苟言笑的主管，还有着这么有趣的本性，纷纷拜倒。一开始，小鸥还担心自嘲会破坏自己的气质，直到她发现，同事们对她越来越友善，才高兴地在自嘲的路上越走越远。

自嘲的前提是自信。非常自信，才能自嘲。自嘲是高级幽默的一种，拥有自嘲技能的人会显得谦逊，也不会伤及无辜。一个善于自嘲的人、让人有"舒适感"的人，会变得越来越有趣。

自嘲本身就是一种高情商的表现，用得好了分分钟可以圈粉无数。

我们每个人都是完整的，因为所有的缺点，都属于我们自己，它们造就了我们，而不是路人甲。学会与自己的缺点共存，只要它们不是影响你进步的阻力、成为妨碍你优秀的羁绊，你真的可以微微一笑很潇洒！

最近很火的《吐槽大会》上，体育解说员韩乔生被吐槽不认识球员，解说让人头疼缺乏专业知识；主持人黄子佼被吐槽是台上劈腿最厉害的人，靠前女友吃饭；李湘被吐槽胖，和谢娜不合，老公吃软饭；演员周韦彤被吐槽整容，不分平翘舌。

明星们面对吐槽，都表现出了自嘲的精神和淡然的风度。正如李湘所说，这其实反而是面对自身缺点的一次机会。正视过后，反而会有更好的心态面对生活，才不是传递负能量呢。

各位嘉宾在舞台上释放自我，吐槽其他人，同时也在不停地自嘲。所以才让节目看起来更有趣，也让那些接受吐槽的人、善于自嘲的人变得越来越有趣、越来越吸引人。

文坛上，大家公认有趣的人非王小波莫属，而他最典型的一个标签，也是大家最欣赏他的地方之一，应该就是自嘲。

比如在《爱你就像爱生命》里，有给李银河写信自嘲的情话，"一想到你，我这张丑脸就泛起微笑。"

李银河开始还因为王小波长得丑而拒绝其追求。估计读到这个，恐怕也要笑出声来，早就把他的样子抛到九霄云外，只记得这个有趣的灵魂了。

自嘲在心理健康专家看来是一种最高级的幽默，但把握尺度是很难的。稍有不注意，可能就因为自嘲过度，而让自己显得特别虚假。如何才能成为一个真正会自嘲的人呢？小编就来教大家一些正确的方法。

（1）要有自娱精神

要想学会自嘲，首先要有自娱精神，才能不顾他人的眼光，让自己处在被嘲讽的地位。有位幽默大师曾经说过："只有娱乐自己的人才能娱乐大众。"所以说保有自娱精神才能做一个懂得自嘲的人。

（2）懂得分场合说话

从小父母就教导我们，说话做事要分清楚场合。场合对于交际也有直接的制约作用，面对不同的环境，不同的人物，我们说话也应该不同。自嘲也一样，在面对长辈、领导或是比较严肃的场合时，我们应该收敛一点，不能嬉笑言语。

（3）自嘲不可太过

自嘲是以自我为出发点，对发生在身边事情的调侃。如果太"假"，过于花哨的描述，就会失去原意，变得虚假而毫无意义。

（4）不可重复讲

自嘲是半开玩笑的状态，把事情用言语描绘出来，如果经常重复同一句话，就会让自嘲失去该有的惊喜。就像是 2012 年很红的"元芳，你怎么看？"，在当时是红极一时的热词，放在今天再说出来，对于听者来说，就没那么大的吸引力了。

5. 如何黑自己才能黑得漂亮

生活中，我们难免会遇到别人跟我们开玩笑，内心不够强大的时候，也许还会因为这些玩笑耿耿于怀而心情郁闷。

但反过来想想，别人的嘴我们管不了，但如果在遇到不喜欢的玩笑时，能用自黑的方法一笑而过反而会为自己加分，变成缓解尴尬的灵丹妙药。同时，也会因为适当的自黑增添幽默气氛，让大家觉得和你聊天轻松有趣。

而且，很多好朋友、好闺密之间，都是在互黑之中体现关系亲密、友情深厚的。当然你不能一直戳着别人的痛点去不停地说，你说的笑话一定是对方也觉得好笑的，对方也能释然的内容。否则，就是嘴贱，不是情商高了。

人无完人，每个人身上都或多或少会有一些小缺点，如果你能自己发现这些缺点，坦诚面对，大大方方地承认，这其实是最自信、最让大家喜欢的做法。

真正有趣的人，懂得自黑，才不容易招黑。

南非前总统曼德拉，是个很幽默的老头。在南部非洲发展共同体首脑会议上，曼德拉获得了"卡马勋章"。在获奖感言的开场白中，他幽默地说："这个讲台是为总统们设立的，我这个退休老人今天上台讲话，抢了总统的镜头，我们的总统一定很不高兴。"话音一落，台下笑声四起。

笑声过后，曼德拉正式发言。没想到，当讲到一半时，他不小心把讲稿的页次搞乱了，不得不停下来整理。这本来是件有些尴尬的事情，但他却不以为然，一边整理一边随口说道："我把讲稿的次序弄乱了，你们要原谅一个老人。不过，我知道在座的一位总统，在一次演讲的时候也曾把讲稿的次序弄乱了，但他却不知道，照样往下念。"整个会场哄堂大笑。

曼德拉运用自黑的方式面对尴尬和窘迫，他的这种机智的做法，便是我们常说的幽默。在我们的生活中，自黑能使人放松，放松能让人从容，从容才可能做出正确选择，这就是幽默的力量了。

自黑是幽默的最高境界，也是一个人有趣的体现，它决定不了别人是否喜欢你。成功的演讲者常常巧妙地拿自己"开涮"，借此拉近与听众的距离，调动现场气氛，为自己博得"满堂彩"。

跟擅长自黑的人在一起会感觉很轻松，他们既能用有趣的方式化解尴尬，也不伤及他人；他们不端架子，也不玻璃心。跟这样的朋友在一起互相调侃，的确为生活增添了不少乐趣。

用自黑的方式能给自己打圆场，通过轻松风趣的方式来化解尴尬、窘迫局面，也给对方退路。所以，喜欢自黑的人自信又内心开阔。有人因自卑担心暴露自己的缺点，更倾向于展现自己好的方面。而自信的人不会因为某一个特定的瑕疵，而改变对自己的看法，即便是主动向别人袒露，也能轻松处之。从这个角度来说自黑的人更加自信、更加有趣，也更受欢迎。

自黑的一些小技巧。

（1）和陌生人之间的试探的时候，先主动的自黑

在我们生活中，有这么一类人，好像当你刚刚认识他的时候，他就开始使用自黑。这种行为应该是：自黑界的先发制人。

这种自黑只要尺度把握好，一般来说会比较安全。因为对方还不怎么了解你，所以他们并不清楚你是在故作谦虚还是真心诉苦，碍于面子也不好有太大的反应，所以这样的自黑是低风险的。

另一方面，我们可以通过对方对你自黑的反应，来大体判

断一个人的性格。

比如，如果对方马上就安慰你，说明他很可能是一个比较单纯善良的人；如果对方紧接着你的自黑继续黑你，说明他可能是个自来熟或者尖酸刻薄的人；如果对方马上转移话题，他可能有点圆滑世故……

总之，自黑的开场白是一种有趣的社交方式，可以一试。

（2）在冷场时活跃气氛时自黑

在朋友聚会时，我们常常会面临冷场的情况。而在冷场时适时的自黑，往往可以活跃气氛，起到出其不意的效果。

（3）别人取笑攻击时自黑

这可能是最无奈的一种自黑了，当别人对我们说三道四，如果为自己辩解，可能效果不太好，所以不要害羞脸皮薄。"善自黑者，人不黑之"，把别人想说的自己先认了，让别人无话可说，于是，整个世界就清静了。

6. 要想成为一个有趣的人，就要不断学习如何开玩笑

生活中那些有趣的人不会对失利或不快耿耿于怀，也不会忸怩作态，一本正经无聊地生活着。而是想着如何尽快地融入人群娱人娱己，快快乐乐。所以要想成为一个有趣的人，就要不断学习如何开玩笑。

会开玩笑能让你更有趣。

都说，女追男隔层纱，男追女隔层山。有些山不好翻，颇

多男性挖空心思想引起女性的注意，李帅就是这样。在追女生时，他本想用话语来让自己显得更有趣一些，吸引女生的注意，谁料适得其反。

有一次，李帅微信上和一个女生聊了很久。然后双方第一次见面，李帅对女孩说："虽然你颜值中下，但是真心喜欢你啊。"女："……"然后没了下文。

还有一次，李帅约女同学出来吃饭。女生胃口很好，李帅说："吃这么多不怕变成猪啊！"女："……"

又有一次和女同学一块去逛街，李帅："看你的打扮，感觉很学术啊，哈哈哈。"女："……"

李帅这些话让人很不舒服，每当他这种话一开口，往往分分钟"友尽"。

关键李帅在开完玩笑之后，还不准人生气。"哎呀，我就开个玩笑嘛，你别当真。""你也真是的，还真生气了，一点都开不起玩笑。"

在他看来虽是一个玩笑，在别人看来就是一份恶意。就这样，李帅一直单身着，直到他意识到了自己的问题，开始转变，事情才开始好转。

大学毕业后，情商见长的他终于找到了自己的女友。但两人缺乏共同语言，这时，李帅又拿出了自己讲笑话的天分。不过这次，效果完全不同了，他说："以前上化学课，老师讲解分解式，学生都没在认真听。我们老师忽然大声叫：'注意，我要变形了！'"李帅一边讲，一边配合着夸张的肢体动作，惹得女友哈哈大笑。

后来和女友同居了，由于工作繁忙，李帅很少做家务。女友埋怨："唉！怎么一个女人有做不完的家务活。"这分明是女友在将自己军。李帅灵机一动地答道："没办法呀！你又不同意我有两个老婆。"

有时出差，他还会和女友在微信上讲点烂笑话。比如他给女友发了一条微信说："我托一只蚊子去找你，让它告诉你我很想你，并请它替我亲亲你，希望不要烧蚊香把它吓跑，它会告诉你我很想你。"很烂，但是女友真的很开心。

幽默在恋爱中很重要，它可以改变我们整个感情生活的可能性。幽默在初识、在热恋各阶段都很有用。它的机能与其说是精神上的，还不如说是生理上的，它改变了男女之间心理的根本距离。

开玩笑需要注意的一些问题。

在紧张的工作生活中，适当的开玩笑就相当于打了一针清醒剂，同时也是朋友、同事之间的润滑剂。但凡事都有度，玩笑开过头了可就招人讨厌了，一定要把握分寸和场合才能起到最好的效果。

（1）不要总和同事开玩笑

开玩笑要掌握尺度，不要总是在大大咧咧开玩笑。这样时间久了，在同事面前就显得不够庄重，同事们就不会尊重你；在领导面前，你会显得不够成熟、不够踏实。领导也不能再信任你，不能对你委以重任，这样做实在是得不偿失。

（2）不要以为捉弄人也是开玩笑

捉弄别人是对别人的不尊重，会让人认为你是恶意的，而且事后也很难解释。捉弄绝不在开玩笑的范畴之内，是不可以随意乱做乱说的。轻者会伤及你和同事之间的感情，重者会危及你的饭碗。记住"群居守口"这句话吧，不然祸从口出，后悔晚矣。

（3）不要以别人的缺点或不足作为开玩笑的目标

金无足赤，人无完人。不要拿同事的缺点或不足开玩笑。你以为你很熟悉对方，随意取笑对方的缺点。但这些玩笑话却容易被对方误认为你是在冷嘲热讽，倘若对方又是个比较敏感的人，你会因一句无心的话而触怒他，以至毁了两个人之间的友谊，或使同事关系变得紧张。切记，这种玩笑话一说出去，是无法收回的，也无法解释。到那个时候，再后悔就来不及了。

（4）不要和异性开过分的玩笑

有时候，在办公室开个玩笑，可以调节紧张工作的气氛，异性之间玩笑亦能让人拉近距离。但切记异性之间开玩笑不可过分，尤其是不能在异性面前说黄色笑话，这会降低自己的人格，也会让异性认为你思想不健康。

（5）不要板着脸开玩笑

到了幽默的最高境界，往往是幽默大师自己不笑，却能把你逗得前仰后合。然而在生活中我们都不是幽默大师，很难做到这一点，那你就不要板着面孔和人家开玩笑，免得引起不必要的误会。

（6）要注意场合和对象

笑话的内容必须因人而异，对于有地位、有身份、有学问的人，说一些庸俗的笑话便会显出你的粗鄙；对普通的人，你说一些高雅的笑话，他们不能领悟、不会觉得好笑。可见说笑话也不是一件容易的事！

最后只要努力学习，认真观察，总会有收获，希望大家都能做个"会开玩笑的人"。

7. 真正有趣的人在逆境中仍能保持幽默

一个在逆境中还能保持幽默的人，无疑是个真正有趣的人。一般人在逆境中，愁眉苦脸，连哭都来不及，哪儿还有心思幽默呢。幽默是对抗乏味生活，从容度过逆境的最好良药。

比如，在星期一，一个被带到绞刑架前的罪犯说："哦，这个星期开始的多美。"这时他自己就创造了幽默。幽默过程完成于他自己的身上，并且让人觉得这个罪犯是个乐观有趣的人。

真正有趣的人，即使身处逆境，仍能保持幽默。幽默不仅仅只是惹人发笑的工具，更是一种生活态度。尤其是在当今这个充满竞争和压力的社会里，这是从容人生的极致表现。面对困境时，自我嘲讽，一笑而过。幽默是一种才华，从我们微笑里透露出坚韧；幽默是一种艺术，是一切智慧和快乐的源泉；幽默是一服良药，给予即将沉沦的心灵再次焕发生机的能量。很多时候，看似不可能解决的问题，一个小小的幽默就可能化腐朽为神奇。

乐观的幸存者。

2008 年汶川地震，遭遇地震灾难的幸存者，劫后余生，他们却给我们带来了别样的幽默和乐观。

第一名：

一汶川地震幸存者被俄罗斯救援队救出后，记者问他感觉怎样，幸存者想了半天说："××的地震凶噢！老子被挖出来后看到都是外国人，还以为把老子震到国外去了！"

第二名：

非洲旅游团从九寨沟回成都后入住宾馆，这时地震使宾馆着火。一黑人青年裸露全身以最快的速度冲到空旷的平地。这时救火的消防队员很惊讶地说道"没见过被烧焦了还跑得这么快的……"

第三名：

都江堰有一个人被埋了50多个小时，被救出来还很清醒。记者前去采访，他看到记者背着笔记本，忘了伤痛，问记者，你的笔记本能上网吗？记者回答说能，他说："那你帮我看看大盘涨了没有。"

第四名：

成都商报的编辑在编发地震新闻时看到，"地震爆发前狗狗狂吠拖出房内主人至室外"的稿子，非常气愤地和同事抱怨说，地震时他家狗狗居然还在打鼾，于是下班后回家把他家狗暴打一顿。

第五名：

地震时，成都高楼四个老太太在打麻将，其中一个说："为什么我感觉楼在晃啊？"另外一老太太起身看了看窗外："没事没事，快出牌吧，别的楼也在晃呢！"

在逆境中保持幽默的几个小技巧。

　　要想成为一个在逆境中保持幽默的人，最重要的是要学会保持良好心态。良好的心态，就是良好的心情。一个人，如果每天都能保持一份好心情，乐观地面对挫折，那么他才能每天过得快乐和充实，才会变得越来越有趣。

　　那么，遇到逆境心情不快时，该如何保持幽默，做一个有趣的人呢？

　　（1）向亲人朋友吐槽

　　心情不好却闷着不说会闷出病来，有了苦闷应学会向人倾诉的方法。首先可以向朋友倾诉，这就需要先学会广交朋友。如果经常防范着别人的"侵害"而不交朋友，也就无交流可言。把心中的苦处能和盘倒给知心人，并能得到安慰的人，心情自然会立即由阴转晴。

　　（2）发展兴趣爱好

　　人生的道路崎岖不平，坎坎坷坷，难免会有挫折，也少不了烦恼。此时此刻，应迅速把注意力转移到别的方面去。兴趣是保护良好的心理状态的重要条件，人的兴趣越广泛，适应能力就越强，心理压力就越小。比如，同样是逆境中的人在节假日空闲的时候，有的人会无所事事，觉得孤独和失落；而有的人则觉得休息一下更好，可以充分利用这些时间看书、写字、创作、绘画、养鸟、钓鱼、种花等等。总之，兴趣越广泛，生活就越丰富、越充实、越有趣，会让人觉得生活中处处充满阳光。

　　（3）常怀善意和宽容

　　人与人之间免不了有这样或那样的矛盾，朋友之间也难免有争吵、有纠葛。只要不是大的原则问题，可以用幽默化解。绝不能得理不饶人，无理争三分，更不要为一些鸡毛蒜皮的小事争得脸红脖子粗，甚至拳脚相加，伤了和气。应该有那种"何事纷争一角墙，让他几尺也无妨，长城万里今犹在，不见当年秦始皇"的博大胸怀和高风亮节。

（4）心胸豁达，淡泊名利

最高质量的幽默是面对命运的幽默。现实生活中那些人把名利看得很重，得陇望蜀、欲壑难填、财迷心窍、官瘾十足。有的为了名利，不择手段，一旦个人目的没达到，或者耿耿于怀，疑窦丛生；或者心事重重，一蹶不振。而那些有趣的人，不会那么斤斤计较，不会把名利看得那么重，否则，容易导致心理失衡。

8. 关注时尚词汇与流行语言，幽默也要有时代感

近年来，源自网络的段子频频出现在相声、小品中，引起社会广泛关注。这些网络段子是相声、小品贴近时代、贴近生活的表现，使相声、小品更加精彩。

"妖精都是妈生的，不同的是人是人的妈生的，妖是妖的妈生的……所以说做妖就像做人一样，要有仁慈的心，有了仁慈的心，就不再是妖，是人妖。"

"曾经有一份真诚的爱情放在我面前，我没有珍惜，等我失去的时候我才后悔莫及，人世间最痛苦的事莫过于此。如果上天能够给我一个再来一次的机会，我会对那个女孩子说三个字：我

爱你。如果非要在这份爱上加上一个期限，我希望是一万年。"

这两段大话西游中的搞笑台词，传遍了大江南北，很多人都能倒背如流，也一度成为大家聊天都会讲的桥段。

为什么大家都很热衷于讲这些流行语呢？因为在流行趣味的年代里，什么都要有趣，说话也是一样。一个人说话，不能枯燥、不能味同嚼蜡、不能按常理出牌。最好还能抖一两个包袱出来，逗人发笑，自然能显出自己的有趣。

幽默也要有时代感，你落伍了吗？

Summer 是公司的职员，由于生孩子，她很少刷微博、关注时下热门的话题。休完产假回来后，她发现自己已经完全跟不上同事们聊天的节奏，感觉自己突然不会聊天了。

同事们讨论电视剧还有娱乐节目，什么真人秀啊，她完全插不上话。聚会时，同事们一群会玩狼人杀的人，猛讲狼人杀。Summer 努力学习却怎么都弄不明白，她感觉自己都被孤立了。和办公室的人没有沟通，这是多么可怕的状态！她觉得仿佛一个人被扔在荒岛上，甚至比在荒岛上还可怕。

为了让自己看起来幽默些，能融入大家伙儿的圈子，她有时会在谈话中讲一些老套的笑话，而同事反应却很冷淡。Summer 觉得自己真的落伍了，完全跟不上潮流……

为了改变自己老土的面貌，她开始多读书、多上网，看电视新闻，广泛地涉猎社会的各方面。而且注意听别人说，多学习。

现在的她，已经成了话题的中心。同事们一聊，Summer 就加入，机智幽默的流行语、段子，都是信手拈来。各种对网剧、小鲜肉的吐槽让人大呼过瘾，只要她一加入，大家就都围过来，听 Summer 说。

所以幽默也要有时代感，经常看些漫画，阅读的时候多找找有趣的评论和俏皮话。幽默的语言内容，主要靠平时的学习积累。学习书本上的、学习实践中的、向上司学习、向同事学习、向客户学习、甚至向竞争对手学习、向敌人学习。有如燕子筑巢——点滴积累；有如母猪进餐——兼收并蓄；有如老牛吃草——反刍回味；有如郎中看病——记录在案。

注意积累，成为一个合格的段子手没那么难。

而我们想要成为一个合格的段子手就要关注热点，比如微博新闻推送、知乎日报、B 站头条等。要紧跟时代潮流才能保证段子的新鲜度，毕竟不是每个人都是卓别林和憨豆，只图笑一时就好。具体需要注意以下几点：

（1）多看新闻热点和热门影剧。

人是个群居动物，每个人也必须紧跟时代潮流。需要时刻更新新鲜的词汇和各种段子，不然别人请你去吃个 6 块钱麻辣烫你还觉得是真爱。经典的电影台词和动作的模仿，也会在关键时刻拯救你。比如你和妹子约会的时候不知道说什么，这时候你就可以微微一笑说："我觉得你刚才的表情好像生气的'大表姐'。"然后就可以聊聊电视剧，谈谈爱好生活什么的，话题就会展开了。

电视剧《甄嬛传》热播时，剧中的台词因为"古色古香"，包含古诗风韵而被广大网友效仿，并被称为"甄嬛体"。其中，网友引用最多的一句话就是"想必是极好的"。

而 TVB 的一些电视剧，教给我们的是无聊但又很幽默的道理。比如"做人呢，最重要的是开心"，然后就是"你饿不饿，我煮碗面给你吃。"

（2）多看外国电影。

我们经常在美国大片中看到，美国人将幽默精神演绎得淋漓尽致。比如在战争中一个哥们中枪了，不巧打到的部位是裤裆。那个哥们一边捂着裆部一边调侃地说：幸好不是两个都中枪，不然换成钢球走路会碰得当当响了。

（3）多看真人秀和脱口秀节目。

这种节目的主持人要有很高的临场反应能力，所以他们的救场能力相当强大。还记得有次观众吐槽主持人身高时，主持人立马自嘲一句：可能是因为我脱口秀比较好吧，说完来了一个基本功的绕口令，化解了尴尬。

（4）尽量不要让自己处于尴尬的境地。

前面我们说到幽默的一个很大用途就是化解尴尬，那么最好的幽默方式就是不要让自己处于尴尬的境地。因为不是所有人在面对任何情况时，都能做到幽默化解，多数都是以尴尬结尾。所以不要轻易地让自己处于这种境地，尤其是两性相处之间，千万不要以拉黑来试探他是否爱你。因为爱不是无休止的包容，而是有限度的相互理解。

9. 阅读有趣的书，提升自己的幽默感

不是每个人都有所谓的"幽默基因"，但是我们仍然可以借助很多种方法，让自己变得更幽默一些，看书就是其中一种。

经常看些漫画、笑话和各种五花八门的冷知识，可以让你积累很多笑料。

即使遇到了充满挑战性的情况，也要尽量搜寻一些好玩的、幽默的东西。幽默的语言内容，主要靠平时的学习积累。

爱读书的钱钟书

钱钟书先生幼承家学，学识渊博，精通多门语言，经史子集侃侃而谈。后来上大学后，横扫清华图书馆。清华藏书之富，在当时各大学来说是数一数二的。清华图书馆书库、书架上的书，满满当当的几十万册，中外古今图书无不应有尽有。学生可以到书库里去看书，左右逢源，辗转相生，可免借还之劳。有人说："此中乐趣，不可形容，恐怕只有饥鼠入太仓之乐仿佛似之。"上述这一段话，可以作为钱钟书在清华的一个写照。如果要借出来阅读，须办手续。据同学回忆，钱钟书是在校借书最多的一位。

也正是阅读了各种各样有趣的书籍，让钱钟书变成了智慧而且具有幽默感的人。他会在半夜从被窝里钻出来，拿一根长竹竿，出门帮自己的猫打架。还会趁着妻子杨绛先生午睡正沉，用墨水在她脸上画个花脸。

他们的生活简单、充实，又不失小趣味，一直保持着如孩童般的真性情。而他的作品中，集合了中西文化元素的幽默之语。

作家咪蒙说："看书是我治疗自卑的唯一方法。听说我每周大约读两本书之后，很多人找我要书单。我觉得很少有不好的书，再烂的书都有一两个可取的点。"我们也可以从书籍中找到让自己变得聪明有趣的方法，增加自己的储备，然后将这些内容消化，变成自己随时可以信手拈来之物。当你觉得有时候可以抖个机灵，说个俏皮话的时候，你的大脑已经组织出一个段子了，你就是个合格的笑料了。

让你变得有趣的一些书籍：

（1）王小波《红拂夜奔》

王小波天马行空般的想象将读者拉入了另一个世界，这本书有趣到极致。

（2）鲁迅《故事新编》

在大多数人的印象里，鲁迅是一个一本正经的革命斗士，那是因为他们都没看过《故事新编》。《故事新编》极有趣，鲁迅在书里恶搞老子、大禹、后羿……

（3）高军《世间的盐》

画家写人写事，说书似的，好玩，极富画面感。写 80 年代秦大伯发明电风扇，爆笑。"风扇显灵了……全院的人以各种姿态在半空中飞行，跟夏加尔的油画似的。"

（4）刘亮程《一个人的村庄》

刘亮程是最接近庄子的活人。当地球人都觉得时间不够用，他却花大把光阴，去介绍两只蚂蚁互相认识；研究驴为什么不穿内裤。这书是农民卖萌指南，也是人类卖萌指南。

（5）冯内古特《冠军早餐》

作者一上来就画了个屁眼儿。故事很搞怪，语言非常有趣。还推荐冯内古特《猫的摇篮》《5 号屠场》《没有国家的人》。

（6）彼得·海斯勒《寻路中国》

美国纽约客记者潜伏中国多年，用白描的手段呈现了民间中国，里边的很多段子都特别搞笑。

（7）《英国人的言行潜规则》

英国人类学教授凯特·福克斯，写的是英国人的自黑大全。用学术的态度，严密论证了英国人的虚伪、矫情、别扭、蔫坏。

（8）《疯狂实验史》

人类历史上的重口味科学实验集。为了研究黄热病的传染方式，吃下病人呕吐物；把尸体的头切下来通电，看它能做出多少种鬼脸等；类似作品还有《冒烟的耳朵和尖叫的牙齿》。

（9）《唐朝穿越指南》

如果你要穿越到唐朝，衣食住行要注意些什么？这本书选题很新颖，考据翔实。

（10）《隐疾》

医学博士博尔温·班德洛写的，专讲名人的人格障碍。假设戴安娜不是王妃，会是个抑郁、暴饮暴食的购物狂；如果梦露没成为明星，会成为流落在好莱坞街头的兼职妓女……

（11）理查德·怀斯曼《怪诞心理学》

为什么我们相信星座？夏天出生的人比冬天出生的人运气好？一本好玩的心理学普及读物。

（12）《离奇死亡大百科》

作者花了十年以上，统计各种死法，发现美国人死起来真不挑时间、不挑地方。笑死、打嗝死、接吻死、口臭死等等。死亡主题的书很多，还有《先上讣告后上天堂》《死亡课》等。

（13）奥利维雅·贾德森《性别战争》

企鹅爱搞基，海豚是西门庆……动物们提出各种性爱困扰，性学博士给予它们生猛又专业的回答，把枯燥的生物学专业知识写得轻松搞笑。

（14）傅尼叶《爸爸，我们去哪儿》

有两个残障儿子该怎么办？照样毒舌、照样嘲讽！超越苦难的方法之一，就是调戏它。国内有《爸爸爱喜禾》《爸爸爱喜禾2》。

（15）《鱼为什么放屁》

狗为什么吃屎？哪种软虫会从你的鼻孔里爬出来？——这就是英国人写的"无用及恶心的知识大全"。同类还有国内科学松鼠会的《冷浪漫》《当彩色的声音尝起来是甜的》等。

（16）村上龙《所有男人都是消耗品》

村上龙是作家中三观不正的典范："美人三天就腻味，这是使丑女免于自杀的谎话，丑女就连遭人腻味都谈不上。""美丑、出生、成长、命运，这些都是才能的一部分"。村上龙的《无限近似于透明的蓝》很重口味，内地还出了他的《孤独的美食家》。

（17）保罗·约翰逊《知识分子》

专讲名人坏话的书，卢梭、罗素、萨特等顶尖大师都被写得特别不堪。卢梭《忏悔录》以真诚著称吧？假的；波伏娃是女权界教母吧？结果一生被一个男人控制得死死的。这本书除了刻薄、记仇，还有一个特点：啰唆。

（18）陈丹青《退步集》

陈丹青对城市、文化、教育等几个大领域都有独家见解，他的语言是体制外的，蛮横、过瘾。他的书我本本热爱，《退步集续编》《荒废集》……

（19）希钦斯《致一位愤青的信》

希钦斯是美国资深老愤青、美国最受欢迎的专栏作家，逮谁骂谁就是他的存在价值。写这本书就是要鼓励愤青们，千万别息怒、别妥协、别乖巧，百折不挠地愤怒下去。

（20）《安迪沃霍尔的哲学》

如果你肤浅、爱钱、虚荣、外貌协会、没心没肺，并且想把这些品质继续保存下去，读这书是个好选择，这本书基本上算是安迪沃霍尔的自恋语录。

第五章
有趣的人的字典里，没有"冷场"二字

1. 选择有趣的话题开聊

大多数的情况下，交流是需要我们选择话题的，虽然和有些人相处得很愉快，以至于我们可以无话不谈。但是如果选择了一些无聊的话题，恐怕对话就无法愉快地进行下去了，这会令人很尴尬。

凌浩洋在寒假参加了一次小学同学聚会，起初的时候，大家多年不见，都是寒暄一下。聊聊工作、家庭之类的事，话题都很沉重，没过多久气氛就冷下来了。有些同学都开始打电话、玩手机，有些找借口准备离开。

因为工作压力大，近几个月一直不怎么顺心的凌浩洋更是不喜欢这种场面，就自顾自地和当年的同桌聊了起来，不再管其他人怎么样。因为两人当年感情很好，又相互知根知底，不知怎么地，就聊起了当年的一些糗事。

凌浩洋边笑边回忆地说："老李啊，你还记得不，有一次，我和邻班的一个女生穿了颜色一样的衣服。哈哈，笑死我了，你没看清，跑上去一把就抱住人家，又狠狠地把她的脸揉了一顿，害得那小姑娘哇哇大哭，跟老师告状，罚你做了两天的卫生。"

老李一听，也记起了这件糗事，蛮不好意思地挠挠头，跟凌浩洋碰了一杯。然后，他也讲起了凌浩洋当年的糗事。慢慢地，两人越说越起劲儿，声音也越来越大，就被旁边的人听见了，大家都加入了进来。

到最后，原本沉闷的气氛竟因此变得热烈起来，包间里充斥着"原来你当年也这么傻……"这样的笑声，一顿饭吃到大半夜，大家才依依不舍地离开。

聊天的娱乐性非常重要，一段充满娱乐性的聊天，会让谈话者对你不自觉地产生好感，也会拉近彼此的心理距离。

聊天选择有趣话题的一些小技巧。

如果你不会聊天，与人聊天老是会陷入僵局，苦于找不到聊天的话题，可以试试以下几招：

（1）要准备好有趣的问题来应对冷场

一定要准备好很多话题或问题，因为你不知道在冷场的时候，你们已经聊过哪些话题了。例子如下：

> 如果你需要放弃你五种感官中的一个，你会选哪一个？
> 你最不能理解的被很多人喜欢的一部电影？一首歌曲？一个名人？
> 你是愿意坐潜水艇去海洋最深处，还是更愿意当第一

个在月球上行走的人？

如果你能在任何时代生活，你会选哪个？

你在大冒险中做过的最疯狂的事是什么？

如果你只剩下三个月可以活，你会怎样度过？你生命中的最后一顿饭会是什么？

如果你能将历史上任意五个音乐家或乐队组合起来，并让他们做一个三天的音乐节，你会怎样选择？

你觉得 100 年后世界会变成什么样？

如果你能像任何电影角色那样生活一周，你会选谁？

聊天如何找话题？以上就是一些适合各种场合聊天的话题。

（2）改变一下常见的了解对方时间问题的方式

在初次见面的时候，聊天的过程总是会伴随着很多必问的问题，所以谈话会很单调。为了让你的谈话更有趣，可以适当变化一下常见问题的提问方式，例如：

你人生中所经历的最好的惊喜是什么？

你最老的朋友是怎样的？

你理想的工作是什么？

谁是你最喜欢的亲戚？

如果给你时间，你觉得什么会是你最擅长的事？

在你现在工作中最喜欢的一点是什么？

你更喜欢你的妈妈还是爸爸？

（3）分享有趣的经历

当然，谈话的时候如果只聊一些工作、家庭、喜好、厌恶什么的，会让气氛偏向严肃。用一些故事来引导这些问题会更有趣，还能展现你独特的经历以及幽默感。这些经历不一定非要夸张，只要是能让别人印象深刻的就行，朋友、家庭、同事的趣事都可以搬过来说。

（4）从小事开始

人们在随意地聊天的时候会觉得最舒服，尤其是他们刚开始了解对方的时候。根据经验，建立一个网上账号的时候，被提问的问题都是很好的选择。比如：

你的家乡在哪里？它是什么样的？

你在哪儿上的学？你对自己学的专业满意吗？

你在哪儿工作？你有什么好的同事吗？

你觉得这部电影怎么样？

你喜欢什么样的音乐？你最喜欢的 5 个乐队是？

你最喜欢的电影是什么？为什么？

你看书吗？你会带哪三本书去一座孤岛？

2. 有趣的人都是讲故事的高手

大多数人都有过听了一场枯燥讲座的经历，在听到或者看到那些充满理论讲解的时候，大多数人的表现通常是无精打采，那些枯燥无味的东西会使人昏昏欲睡。可是一旦讲解中开始出现譬如"从前，有个人……"之类的故事，昏昏欲睡的那部分人往往会顿时精神百倍，疲倦立刻消失得无影无踪，开始聚精会神地听起故事来。这就是妙趣故事的魅力所在。

由此可以看出，人人都喜欢听有趣的故事。

而能讲出一个精彩的故事的人，也一定是一个思维活跃的人、一个有趣的人、一个热爱生活懂情趣的人。

爱讲情怀的罗永浩。

如今所谓的"互联网＋"，是在比谁更会讲故事，讲得好的人赢得一切。锤子科技的罗永浩说：为什么有这么多人喜欢看我们的发布会，关注度这么高？无非就是故事讲得好。他说他的目标是"在无趣的行业里，做点有趣的事儿"。无疑，罗永浩是科技行业里为数不多的会讲故事，而且讲得好的一个。

在国内的创业者当中，罗永浩讲故事的能力绝对能够排到前三。从《一个理想主义者的创业故事》这样的演讲，到《我的奋斗》《生命不息、折腾不止》这样的书籍出版，老罗把一个小镇青年的逆袭故事说了无数遍。而这个典型的创业故事也被他讲出了花来：

（1）天生不安分的"二货"青年；

（2）潦倒叛逆的青少年时代，被主流社会文化价值所不容；

（3）一招悟道，开始发奋努力——作为无业游民罗永浩开始学英语了；

（4）通过一场长期的职业学习和沉淀，开始有更高的追求，离开了新东方；

（5）挣扎很久后决定创办一个属于自己的门派，开始创业，后来创办了锤子科技；

（6）随之而来的一定是困难，克服困难，取得小成就，迎接下一站；

（7）迎来人生巅峰，在纳斯达克上市，迎得美人归。

其实，讲故事不仅是一种技巧，而且还是一种思维方式。借助故事可以更有效地激励、说服与影响别人。讲一个好故事，你可以打动任何人，这也是创业者这么喜欢讲故事的原因所在。

我们每个人的背后都有一大串故事，而每一个故事，无论多么小都能演绎成荡气回肠的精彩大片，就看你会不会讲。千万别小看会讲故事的人，那不仅仅是耍嘴皮子那么简单。优秀企业家们，往往都是讲故事的高手，这也是为什么他们的品牌可以深入人心的重要原因之一。

张嘉佳——只希望做一个"讲故事的人"。

青年作家张嘉佳是一个很有趣的人，他的人生起落，像一部跌宕起伏的电影。上大学时，父母给的学费他都会很快花光，然后才想各种办法去赚钱。毕业之后，他赚钱的唯一途径就是用电脑打字。钱花光了交不起电费，没电又挣不了钱，结果整整一个礼拜都没饭吃，和室友靠喝自来水度日。他有过很多疯狂的举动，比如酒后爬过灯柱、拔过公交站站牌，最夸张的一次是在印度恒河边跟一群朋友猜拳，谁输了就跳进河里。

有一段时间，他想过普通人的生活，遇到了一个自己喜欢的人，却结婚半年就离婚了。最终，他选择环游世界400天，花光了所有的钱……

张嘉佳在微博上连载"睡前故事"，引无数年轻人竞相阅读，成为文艺女青年心中的"男神"。他将这些故事合集出版了一本书《从你的全世界路过》，推出仅仅一周，就在各大图书网站的销量排行榜中名列前茅。

在做《非诚勿扰》嘉宾的时候，虽然"代班"时间不长，张嘉佳却以幽默风趣的风格，以及在场上男嘉宾讲述年少疯狂经历时，"触景生情"地回忆当年的相似经历，感动了无数观众。

张嘉佳说："写小说和写剧本带给我的成就感都很大。"但他并不期望自己成为"伟大的作家"，只希望做一个"讲故事的人"。

其实我们可能没有张嘉佳那样精彩的故事，但我们每个人的经历，再平淡也一定能挖掘出自己的动人故事。每个人都有故事可讲，只是我们不知道如何去讲，如何去加工、创作，讲出动人的故事。

每个人都可以成为讲故事高手。

我们每个人都有讲故事的能力，从讲一个好故事到讲好一个故事，找到适合自己的故事和讲故事的方式，你就能逐步成为会讲故事的人。

想讲好一个故事，可以借鉴以下几个小技巧：

（1）要发现合适有趣的故事

要以好奇的眼光和集中的精神去寻找合适的故事，不要忘了，故事不是被发明而是被发现的。

编故事后，要按照故事调整实际情况。为了提高故事的话题价值，故事要简短、容易和有趣。对故事来说，最重要的就是其话题价值。故事的真实性很重要，其核心价值也很重要。

利用对话吸引听众，增加故事的互动性。加入比喻、小道具，特别是自谦的幽默话语会有更好的效果。

（2）大量模仿偶像的语音语气语调

从广播、影视剧或者相声界里，找一个你觉得非常会说话的，精选一段他们说话的视频或者音频，反复模仿，录音对比。再结合你在技巧1中学习到的故事能力，将这些故事模仿表达出来。

（3）讲故事的两个习惯：入戏和打比方

入戏就是快速把自己融入戏中的角色，进入到那个状态。任何一段演讲、任何一段故事的内容，真正打动对方的除了背后严密的逻辑，更重要的是情绪，情绪营造出来的某种氛围可以影响别人。如果你想要用自己的情绪感染别人，你一定不能是一个面部僵硬的人。让自己成为一个有情绪的人，那么能掌控自己的情绪是非常重要的一步。

入戏的习惯是什么呢？上大学的时候，我有一个偶像叫梅尔吉布森，他拍了一个片子叫作《勇敢的心》，讲的是苏格兰民族英雄威廉华莱士的故事。这部片子里面有一段威廉华莱士作为一个领袖，临阵前发表了一段非常简短、精彩的演讲，这段演讲让即将溃散的农民军又凝聚起来和英国人干了一仗，并且把英国人打败了。

这一段非常能彰显威廉华莱士的英雄气场和领袖气质。然后你可以试着在大冬天的时候把衣服脱了，光着膀子在地上做五十个俯卧撑。背后放着《勇敢的心》的背景音乐，很恢宏大气。那一刻，就会感觉很强壮，然后可以开始模仿威廉华莱士说话，这就叫作入戏。

入戏的意思就是，用各种仪式感让自己进入到当下的角色和情绪里，这样才会讲出好的故事。

（4）多讲多练

光看不练，即使你懂得了道理，也没什么用。所以，一定要实践。

你可以用本文介绍的方法，写一段自传，从童年写起，但是不要写近期的生活。写近期的生活会充满挑战，很难写好，因为这里面充斥着错综复杂的变化和遗漏。

除了童年故事，你还可以写家庭故事、重述神话、传奇和民间故事、梦的故事、改编短篇小说、基于新闻事件改编的十分钟故事、纪录片主题、三十分钟原创故事短片、剧情长片等。

嫌生活无聊，可以写个故事，让生活变得有趣。顺便来个高端吐槽：哎，电视剧上那些老套的故事，都没我写得好。甩出这句话，是不是觉得自己很酷呢！

愿你挖掘自己的本能，成为讲故事的高手！

3. 不知道聊什么，就聊聊吃过的美食

美食是个大话题，现在很多人以"吃货"自居，一个肯在吃上下功夫的人也一定是个有趣的人。而且如果我们在饭馆或酒吧约会，谈话的时候，聊吃的话题比聊工作、孩子，更能让大家放松下来，美食永远是一个令人愉快的话题。

爱谈美食的"吃货"汪曾祺。

作家汪曾祺是一个很有趣的吃货，在现代文学史上可谓是

出了名的，大家一定都还记得初中课本里那篇《端午的鸭蛋》。

有一年，汪曾祺去草原林区体验生活。刚好6月的草原一片生机盎然，开满了黄色的金莲花。他好兴奋，做了首打油诗，"草原的花真好看，好像韭菜炒鸡蛋"。汪曾祺该有一颗多爱吃的心，才能看见什么就想成吃的，把全世界都看成好吃的美食。

金庸就曾说过，"大陆满口噙香中国味的作家，当推汪曾祺和邓友梅。"汪老不仅爱吃美食，而且还喜欢聊美食。

所以爱吃的人，谈起恋爱来也不怕没话题，离不开吃就对了。在西南联大，汪曾祺遇到了自己一生的爱人施松卿。汪曾祺素有美食家之称，美食自然就成了他们的谈资，他们每到一处，走遍小街偏巷，品尝民间小吃，陶醉其间。

谈论美食话题的时候，汪曾祺总是能说上许多，意态潇洒。而施松卿总会忍不住笑起来，开心地大口咬下手中的胡萝卜。听说吃胡萝卜可以养颜，她总会向农民买一大把。昆明的胡萝卜好像和别的地方不一样，细嫩清甜，洗了可以当水果吃。她一面吃着一面不自觉地看他，他笑，说她吃了胡萝卜真的变美了，她觉得心里甜甜的，脸上却烧了起来。

大约就是从那时候起，他们的感情开始发芽的吧。用美食赢得爱人的芳心，汪老不愧是个热爱生活、多才多艺的高级吃货。

因为美食种类多、花样多，所以可引起的话题也很多，一个热爱美食的人一定是热爱生活的。首次相见时，通过这个话题了解到对方对口味的喜好，很容易产生共鸣。如果自己手艺出众，还可以邀请对方尝试，制造第二次约会的契机。

谈论美食，你不仅能了解她的口味，找到共同点，而且再也不用担心没有话题了。

如果她有拿手绝活，先不失时机地夸一下，接着问她，"听得我都流口水了，哪天让我一饱口福吧。"就算她知道你在恭维她，她也很受用。如果你也有一手，别忘了邀请她品尝你的手艺。

让人家感觉你真的很懂这方面的知识，说不定下次人家自己就送上门了。

不知道聊什么，聊美食总没错。

咖啡厅里，陈瑜和相亲对象尴尬地坐在一起，你看看我，我看看你，大眼对小眼，实在找不到话题。于是，两人只能默默期待这场相亲早点儿结束。

不是陈瑜不想改变这种气氛，只是，对面的男生也是一个不会讲话的家伙，一见面就问她学什么的。好吧，陈瑜得承认，她学的是国际政治，一个在国内很生僻的专业。果不其然，男生在听完后先是一脸茫然，然后演技着急地干笑两声，没了下文。

好不容易，等到他再次开口吧，结果又来了一句"哈，今天天气真不错哈。"陈瑜翻翻白眼，瞥了一眼窗外阴沉的天空，礼貌地回了一句"啊，还可以。"

然后，两人又卡住了。没办法，陈瑜只得主动出击。可问题是，她也不知道该聊些什么话题，就随便问了一个常见的问题，问男生是在哪个大学上学的。

尴尬的是，她同样不知道男生口中的纽约电影学院在哪儿，甚至光听这个名字，她都不相信这学校是不是真的存在，别是什么国外的野鸡大学。

沉默了半天，最终，还是陈瑜灵机一动，问男生喜欢吃什么。男生一听，立即来劲儿了，说自己喜欢吃盐酥鸡。这下子，两人算是聊开了，因为陈瑜也是一个爱吃的家伙，两人就这么从盐酥鸡一直聊到了牛排和红酒，又一路聊到了二锅头。

会聊美食能让你成为一个有趣的美食家。

我们常常以吃货自居是对自己也是生活的一种调侃。活得越久味蕾的野心也就越大，慢慢地萌生了吃遍全世界的梦想。吃货吃完之后能说出个子丑寅卯，如果你们在饭馆或酒吧约会，谈谈各自喜欢的美味吧，这是一个令人愉快的话题。谈论美食，你不仅能了解对方的口味，找到共同点，而且也能扩展话题。

不知道聊什么，就聊聊以下几点关于美食的话题吧！

（1）可以自称是个吃货

吃货显得有亲和力，容易与人拉近距离。我喜欢音乐、喜欢电影、喜欢文艺、喜欢动画片。这些都太小众了，不容易找到共同话题，擅自搭茬还容易暴露知识的不足。但是，吃！大家就肯定有心爱的味道，比如妈妈菜！见面聚会的话，一起去看电影？一起去音乐会？去旅行？如果你们还没有那么熟，这样就不是很合适了。吃！没问题啊，看看手表，下班走着，吃饭也适合很多人一起行动，一来二去大家就熟悉了。以吃货标榜的，一般人缘都不差，而且说自己是吃货，感觉很真实、很靠谱，有种平易近人的感觉。

（2）分享一些有趣的小吃店

说到吃，吃货们知道那些隐藏于城市最深处角落里的小店，知道哪家馆子最能带动氛围，知道一切你闻所未闻的美食秘境。一个招呼一挥手，千千万万的人跟着走。大家都爱听你讲，大家都爱跟你混，一来二去的，领导才能就有了。

（3）聊一些吃美食的独特经历

聊美食这个话题很容易展开，这年头不流行见面聊工资（俗），也不流行聊天气（简单两句聊完了）。你吃美食的独特经历，包含了你在哪儿吃、费多大劲吃的、吃的什么、跟谁吃的各种话题组合，容易切入，方便扩展，以食物讨论为由交换大量信息。如果碰上个脾气相投的朋友，一起聊聊煲仔饭的食材摆放方位对味道的影响，回家还能提升下厨艺。另外，自称吃货的姑娘一般都有那么几段为了吃而寻寻觅觅的故事，这故事聊起来细细分析其中的艰难险阻，以及最终吃到的成果。关于馆子的各种神评论及向往之情，轻轻松松的一个中篇小说。而且，美食的种类有很多种。贵的有山珍海味，便宜的有街边小吃。不过只要是自己喜欢的，吃过的美食，都可以分享出来。

另外，美食不仅仅是简单的味觉感受，更是一种精神享受。中国素来有"烹饪大国"的称号，全国各地都有各种各样的美食。比如西安的羊肉泡馍、肉夹馍、葫芦头；重庆的酸辣粉、火锅和酸菜鱼；南京的鸭血粉丝汤；广州的各色点心、海鲜；北京的烤鸭。

在这些充满地方特色的味道中，会有一种独特的感受，那是有关记忆的。那就是有关于家乡的、有关于母亲的、有关于一切美好东西的感受。一旦接触到这种味道，就会得到一种莫名的感动，将这种经历分享给朋友吧。

4. 讲一讲你旅途上的见闻

有趣的人在聊天的时候，总是会聊到他们自己有趣的经历，所以他们总是有聊不完的话题。不要吝啬自己的旅途见闻，把它分享给别人，不但能收获分享的喜悦，还能拉近自己与他人的距离。

乐于分享见闻的人，通常能得到意外的机会和眷顾。

林辉今年30岁了，还没有女朋友，他各方面条件都不错，但就是人比较害羞，不会聊天。在相亲的过程中，跟女生主动打招呼并且聊天，对他来说是一件困难的事情。至少在刚开始的时候，他在咖啡馆跟女生聊天经常会碰到无话可说的局面，一般都是自我介绍完，然后，尴尬地玩手机。

这一度打击了他的信心，他暗自发誓再也不相亲了。最近，正好放假，公司里一个关系不错的同事就拉着他一块去散散心，结伴到非洲去旅行。刚到非洲，他的母亲就给他介绍了个女孩，让他回国后赶紧相亲，他怕母亲一直打电话唠叨就敷衍着答应了。没想到回国后，母亲已经给他安排好了相亲的日程，并且通知了人家女孩，林辉只好硬着头皮上了。

刚见面大家都寒暄了一下，介绍了基本情况，他和女生互动的还不错。但是讲完这些，就变得无话可说了，他心想这下又完了，这种状态持续好几分钟。

"听说你刚从非洲旅行回来。"没想到这时，尴尬的场面被打破了，对面的姑娘先开口了。

接下来，林辉给她介绍起了自己在非洲的一些见闻，为了不犯错误，他讲得很简略，但是这个姑娘似乎对于非洲的了解程度让林辉很惊讶。交谈中，林辉了解到这个姑娘从小就有个去非洲旅游的梦想，所以对非洲的情况了如指掌。

聊着聊着，林辉终于打开了话匣子，他聊到非洲的一些风土人情啊，还有对非洲自然环境、野生动物的一些看法，并且对姑娘提出的一些疑问也都一一做了解答。两人相谈甚欢，这次交谈林辉给姑娘留下了一个不错的印象。

生活中，乐于分享见闻的人，通常能得到意外的机会和眷顾。分享本身就是一件快乐的事，同时也是在向别人释放一种信号：我不设防，快来和我交朋友吧。因此，千万不要吝啬分享自己的见闻，只要不是盛气凌人，以显摆的姿态去分享，没人会拒绝的。

聊旅行的话题的一些小技巧。

在和志同道合的好朋友聊天时，你们可能有着共同的爱好；如果是陌生人的话，你就可以聊聊旅行的话题，内向的朋友可以以此来锻炼自己的聊天技能。一开始你们会聊到自己的见闻，彼此熟悉之后会更加容易融入对方的聊天话题，慢慢地你会觉得跟别人聊天也没那么难。

这说起来简单，但是怎么更好地讲述属于自己的故事，让故事看起来有趣，而且更加有吸引力，也是一门很深的学问。

首先，讲旅行故事的时候，可以以游踪为线索讲述旅行经历。所谓"以游踪为线索"，就是把自己的行程和看到的有意思的景点，按一定的顺序讲述下来。这样，朋友们就能像放电影一样想象你当时的情况了。

其次要注意详略得当。游览一个地方，可以谈论的东西很多，假如都像列清单一样把所有的东西都说下来的话，就会"乱花渐欲迷人眼"，给人不知所云的感觉，所以要抓住自己印象深刻的景色去着重讲述。

最后，讲述的重点要放在那些有趣的经历上。如果讲的像记流水账一样就没什么意思了，所以要在语言上下功夫。比如说讲一些火车上发生的趣事或者车上出售的奇怪食物更能撩起自己的回忆。

假如能在言谈中精妙地穿插一些自己的想法见解，以及与所游览之处有关的历史地理、神话传说、民间故事等，更可以增加谈话的生动性和趣味性。所以谈论旅行经历的时候，应尽量选用多种的表达方式，让谈话更加有趣。

5. 把你的糗事说出来，让大家乐一乐

所谓糗事，指的是令人尴尬、无可奈何的事。一般人会避之唯恐不及，但是那些有趣的人却能够把糗事当作笑料。让自己的讲话变得更为有趣味，更生动活泼，让听者笑声不断，气氛爆棚。

自揭童年糗事的普京。

大家都知道俄罗斯总统普京是一个有趣的人，普京有很多项绝技，弹钢琴、骑马、开飞机、开游艇、射击……总之硬汉

普京就没有不会的项目。

公开场合中的普京，一向不苟言笑，然而生活中的他其实颇具幽默感。他的个人网站首次开通后，更是为他吸引了更多的目光，尤其是孩子们的。

登录设计得极具卡通味道的普京网站后，不仅可以和普京总统聊天，分享包括养宠物经历等家庭趣事，还能欣赏总统全家的照片。

普京还通过可视网络与俄罗斯儿童进行了轻松愉快的对话。一位小朋友问："您小时候上学迟到过吗？"普京坦白说："我有时候也会迟到。我家离学校很近，所以我上学总卡着点……"当被问及儿时是否也打架时，普京笑着说，当然也打过架。有一次，老师把我父母也叫到学校，但是这种情况"不是经常发生"。

不摆架子，主动讲出自己的糗事，拉近了与孩子们的距离，也难怪普京的人气这么旺了。

要想讲好一个糗事，除了要在内容上设置好铺垫之外，自己的演绎能力同样至关重要。可以毫不夸张地说，即便是一个平淡的故事，到了一个善于演绎的人手里，却能很搞笑！

那么要如何做好演绎呢？

（1）注意语速

最常见的问题是语速，太快的话，以至于听众尚未完全明白内中精彩，故事就已经结束了。同时，语速又与整体节奏相关。何处该快，何处该慢，无不关系着笑话的整体效果。

（2）运用丰富的语调

千万不要从头到尾用一种语调，再好笑的糗事都会让听众昏昏欲睡的。如果能做到抑扬顿挫、高低起伏，即使一个平淡无奇的故事，都能深深地吸引观众。

（3）掌握多变的声音

讲故事的声音是会变化的，时而尖锐，时而浑厚。同时还要会根据不同角色模仿其声音特色，有时模仿女孩明快的声音，有时模仿小孩天真的声音，能迅速把观众带入情景之中。

（4）用表情带动大家的情绪

在你讲故事的时候，有的听众会关注你的声音变化，而有的听众则会更关注你的表情和动作变化。

曾经有个法国演说家到英国演讲，现场听众听不懂法语，但是这个演说家的表情时而惊喜，时而悲切，依然打动了听众。演讲结束后，有听众问刚才讲的是什么内容，翻译说：他只是不停地在讲锅子、盆子、瓢子而已！

（5）运用丰富的肢体语言

肢体语言有两个目的：一是通过动作更好地阐述笑话的意思；二是通过夸张的动作来达到幽默的效果。

当你识趣的时候，别人才觉得你有趣

1. 别人正说到兴头上，别轻易打断和插话

卡耐基说过："倾听，是我们对任何人的一种至高的恭维。"

生活中就有些没教养的人，别人不讲话他也不讲，别人一讲话他就打断你。然后吧啦吧啦地说别的事情，你等他说完了，不说了，你一讲话他又打断接着吧啦吧啦地讲别的事情，让人厌恶！

喜欢打断他人说话的人，交不到朋友。

小蓉是个大大咧咧的女孩，闲暇之余她总喜欢找人聊天，可是很奇怪的是，小蓉身边没什么朋友。刚到了一个新的工作岗位，谦虚热情的小蓉很快得到了大家的喜爱，可是渐渐的大家都疏远了她。

原来，在工作之余，小蓉总是喜欢找同事聊天。本来聊聊天谈谈心可以交流感情，是一件好事情，可是小蓉的一个坏毛病，害了自己。她一直想改，可是一旦和别人聊起天，就会把这事抛在脑后。

在和李姐聊起明星八卦的时候，本来只是闲聊，李姐无意中提起，某某某和某某某最近传绯闻了。李姐才说了两句，小蓉立刻就打断了李姐的话。哪里，我看网上不是这样说的，明明就是某某某和某某某在一起的……李姐见状转了话题，说到自己对人生的看法，可是没说两句又被小蓉给打断了。直到最后一直都是小蓉在滔滔不绝地讲话，完全不把李姐放在眼里。可是小蓉却没有感觉到李姐的不快，自己的这种说话方式已经成了一种习惯、一种无意识。

下一次，小蓉又找李姐聊天，可是李姐却借故推辞了。然后小蓉找到其他的同事聊天，可是和她聊过一两次以后，大家都不愿意再和小蓉聊天了。小蓉很郁闷，觉得是同事看她不爽故意排挤她。

打断他人说话，是一种非常无礼的行为。生活中，我们绝大多数人都不喜欢自己正说得高兴的时候，别人随意打断我们。俗话说："说三分，听七分。"

最有魅力的人不是口若悬河，滔滔不绝，而是用心地倾听别人的诉说。倾听不仅是对别人的尊重，也是一种有素养的体现。在我们与人交谈的时候，不要急着替别人讲话，人家只说了一个开头，而你就立刻打断，头头是道地说自己的见解。每个人都有自己的想法，你怎么知道对方接下来会说什么话呢？你不要急着帮别人讲完故事，故事他听过，你也可能听过，如果他才开始说，你就立刻打断他，帮他说完接下来的故事，那么他会觉得很尴尬，心里会很不舒服。别人在讲述事情的时候，你也不要去打断别人的话，即使这些事情你听过无数遍，你也应该耐着性子，听他把话说完，不到万不得已，就不要打断。

识趣的人，从不轻易插话。

李健来到公司两年了，他工作努力，但一直都没有升职。一开始，他觉得自己没有升职的原因是自己没有和大家处好关系。于是，他开始尽力和同事处好关系，帮助其他同事。有空就替大家做一些小事，买咖啡、订外卖，但大家的反应却很一般。往往同事在一起闲聊，他一到场，大家都作鸟兽散。

后来他终于找到了问题的所在。在一次公司的例会上，领导说到一个问题的时候，出现了一点小的错误。大家都听出了错误，可是领导自己还没有意识到说错的时候，李健立刻站出来插话，纠正了领导的错误。领导很欣然地接受了，还说李健做得好，领导有错就应该指出来。李健听到领导的表扬，还很得意，不久，李健就被通知调到别的部门。

沉思良久，李健这时候才意识到，自己喜欢打断别人讲话的习惯是真的很不好，而这个苦果也只有自己吃了。

识趣的人，从不轻易插话，善于聆听别人。在聊天的过程中，插话和提问都要恰到好处。不需要滔滔不绝，只需静静聆听别人的观点，也能收获别人的称赞与尊重。在适当的时机插个话，你的反应就是一种鼓励，对方受到鼓舞，才会更放得开讲下去。

我们要做识趣的人，不管在什么场合，倾听、说话对于我们都很重要。在交际场上，很多人人际失败的原因，不是失败在他应该说什么，而是因为他听得太少，说得太多。不管是说话、倾听也同样是一门艺术，什么时候该说话，什么时候该闭上你的嘴巴，这都是很重要的。

在你作为一个听众的时候，别人在诉说着内心的话，你应该抱着同情和理解的态度倾听别人的谈话，这是维护人际关系，维护你们友谊的有效方法。在交谈中，很多人喜欢唱主角，随意打断别人，一个人唱独角戏。然而这些不但不能给你的口才加分，反而会让人产生不好的印象。

在交际上，最大的错误就是随意打断别人。人们都有自我表现意识，即使你的说法正确，或者对方的观点你不认同，你都不要轻易地打断别人的谈话。要知道倾听是沟通的第一步，不轻易打断别人的话是倾听的基本法则。唯有你懂得安静地倾听，才能提高你的交际魅力，做一个好的倾听者也是对别人的一种尊重。我们都希望被人尊重，也不希望在自己侃侃而谈的时候，有人故意打断你的话，这样无论是谁，心情都不会好的。

人有两个耳朵，一个嘴巴，古体的听字是这样写的："聽"，耳为王，就是让我们在别人说话的时候，要多用到我们的耳朵；字的右侧是"十、四、一、心"，这就是让我们听人说话的时候不但要用到耳朵，还要用到心。我们在听字里，并没有看到口，所以，在倾听的时候，只要耳朵和心就好了。同时也说明了在别人说话的时候，插嘴不是一件好事情。多听少说，在任何地方都会获得别人的信任，还会给别人感觉我们不是一个爱说是非的人。

当别人说到一些事情的时候，可能会出现一些错误，你也不要为了鸡毛蒜皮的小事情来打断别人的话题。要知道我们自己在说话的时候如果被别人打断，心情一定也很不好，所以你打断别人的话，他也会有这样的感觉。

我们总是要在吃亏了以后，才能意识到自己的错误，我们为什么不在这之前改掉插话的毛病呢？学会倾听对于我们任何一个人都很重要，出于对别人的尊重，出于我们的礼貌，不要轻易去打断别人的话。

谈话中技巧性地改变别人的说话思路，可以让你变得既识趣又有趣。

要记住当你识趣的时候，别人才觉得你有趣。所以我们在谈话的时候，要注意自己的言行，谴责别人不尊重人的时候，也要反省自我，"有则改之，无则加勉"。当然不打断不等于不说话，可以技巧性改变别人的说话思路，只要灵活运用以下的手段，就可以做到在实际关系中既识趣又有趣哦。

（1）当你要找正在说话的几个交谈者中的某一个人处理事情时，可以先给他一些小的暗示，他一般会先和你说话。但要注意的是，你不要静悄悄地站在他的身旁。你可以先向他们打个招呼："很对不起，打断你们一下。"当他们停止交谈时，用尽可能简洁的语言说明来意，一旦事情处理完毕，立即离开现场。

如果你想加入他们的谈话，则可以找个适合的机会，礼貌地说："对不起，我可以加入你们的谈话吗？"或者大方客气地打招呼，叫你的朋友互相介绍一下，就不会有生疏的感觉。

（2）交谈过程中，如果你想补充另一方的谈话，或者联想到与谈话有关的情况，想即刻作点说明，这时，可以对讲话者说："我插一句"，或者说"请允许我补充一点"。然后，说出自己的意见。这样的插话不宜过多，以免扰乱对方的思路，但适当有一点，可以活跃谈话的气氛。

（3）如果你不同意对方的看法，一般也不要打断他的谈话。但如果你们比较熟悉，或者问题特别重要，也可以先表示一下态度，待对方说完后再作详细阐述。但不管分歧有多大，绝不能恶语伤人或出言不逊。即使发生了争吵，也不要斥责、讥讽对方，最后还要友好地握手道别。

（4）如果对方与你说话的时间明显拖得过长，他的话不再吸引人，甚至令人昏昏欲睡；他的话题越来越令人不快，甚至已经引起大家的厌恶，你就不得不中断对方的话了。这时，你也要考虑在哪一个段落中断为好，同时，也应照顾到对方的感受，避免给对方留下不愉快的印象。

2. 有人喜气洋洋地邀请你评价他刚买的衣服，要说积极的话

知趣的人懂得看场合说话，知道什么时候说什么话会比较合适。可是生活中就是有这么多让人哭笑不得的情况，人与人交流的时候，最讲究的是让彼此舒服，如果不"识趣"，那你的"幽默"，在别人看来可能就是"嘴欠"。你自以为是"随性"，在别人看来就是"无趣至极"。

一句话能成事，一句话能坏事，一句话能建造和谐社会。

一次，黎琳在一家服装店试衣服，正巧碰到一个还不错的朋友。

这位朋友正穿着一条刚买的连衣裙，裙子是素色的很好看，但黎琳认为跟这位朋友的气质不是很搭。朋友让黎琳提意见，

黎琳不假思索，脱口而出，"哇！这件是不错，但是跟你不是很搭，穿着显老，没有之前那件漂亮！"

朋友睁大了双眼，尴尬地笑了一声，摆出了一副无语的样子走了，没再理会黎琳。

猛然间，黎琳回过神来：惨了，我说错话了！这时，她很想抽自己一个大耳刮子，简直想找个地缝钻进去，反正就是不要待在这里。

没有你之前那件漂亮！她也不是想贬低朋友，而明明只是说出自己的真实看法，却把人家搞得崩溃。

更要命的是黎琳和这位朋友并不是那种很熟的朋友，交情也就是一般而已。后来事情如大家所料，这位朋友日渐疏远了黎琳。

因为一句话而失去了一段友谊，让黎琳后悔不已。

通常，不识趣的人往往具有极强的"进攻性"。不识趣的人跟别人聊天，会让对方特别难受，因此，别人一般都不愿意跟他们聊天。自认为有趣、自认为了解对方、自认为对方跟自己在一个频道上，信口开河，都是不识趣的表现。

良言一句寒冬暖。

17 岁的李小伊的伯父从国外给她带了一件白色的洋装，她的欣喜与快乐真是难以形容。她对着穿衣镜左照右瞧，自我感觉好得不行，谁知大哥在一旁冷言冷语地说：

"够了，再照也是那么一副小黄脸，臭美。"

"姐，考虑一下别人情绪怎么样？你在那儿一美就是半天，别人受得了这份刺激吗？真是对日本制衣厂的侮辱。"小弟的嘲讽更损。

遭到兄弟们如此的奚落，她负气跑出了家门。

一走上大街，她就懊悔得恨不得自杀。衣服的面料柔软滑腻，白得刺眼。她斜着眼看商店橱窗里自己的影子，天！一副病恹恹的样子。真不如以前穿着夹克衫、牛仔裤来得随意洒脱。

不知不觉已是黄昏时分，小伊踱到一个小书亭前，店主是个小伙子，满脸的倦意。她随手翻着一本杂志，目中无一字。

"您的衣服真是漂亮。"小伙子突然开腔了。

小伊吓了一跳，抬头环顾左右，发现书亭前只有自己一人。立刻，一片红潮涌上了她的面颊。

"你的衣服很合身，也很精神。"说着小伙子的脸也红了。

听着小伙子的赞美，小伊的感觉像喝酒般陶醉，脚下一阵发飘，她赶紧害羞地往家里跑去。回到家，她又站在穿衣镜前，全身上下左左右右地瞧着。此刻，她的内心充溢着喜悦与兴奋。

从此，她每天早晨不再赖在床上，开始在晨光里奔跑，在夕阳下操练，她还报名参加了舞蹈训练班、手工剪裁班、美术班、游泳班……

赞美他人会使别人愉快，也会使自己身心健康。被赞美者会觉得你识趣，这会让我们更加有魅力，形成人际关系的良性循环。在人际交往中，很多人都明白赞美话语的神奇作用力。俗话说："良言一句寒冬暖。"用眼睛发现身边人的优点，赞美他有意或无意露出的特色，"心灵直通快车"瞬间就启动了。

要学会控制自己的情绪，话话不要太极端。

我们常会听到这样那样有个性的宣言：我性格就是这样，我就喜欢直来直往，我就是这么真性情，我这是真情流露……

你可以说：你真是傻；但你不能说：你傻得猪似的！

你可以说：你的成绩不是很理想哦；但你不能说：我差一分就满分了，好烦。

你可以说：你的工资在行业内不算高；但你不能说：你很难有像我这么高的工资。

你可以说：衣服颜色跟你的肤色不是很搭；但你不能说：你今天穿得好丑。

说话委婉一点，用一些小技巧夸别人，会显出你的识趣。比如，从款式角度：衣服比较怪异你可以说特别；正统你可以说有气质；朴素你可以说简单大方。

3. 赞美也要适可而止，过度赞美惹人烦

有人把赞美转变成阿谀奉承，整天围着上司转，频频灌迷汤，以赞美来讨得上司欢心，以求达到自己的目的；有的人为了赞美别人，分不清对象，找不准特点，赞美的话张冠李戴，不假思索随口而出，令被赞美之人听后心里很不舒服。对年长者夸人家真帅，对年轻者见面就夸人家身体健康，对胖者夸的是这人真有福气，胖得像猪一样；还有一些人，为了赞美而赞美，见了上司就夸，"你真漂亮，是我见到的第一美人""你说的话真好听，我从来没有听到过这么好的话""你真英明、伟大，没有你当我们的领导，就没有单位的今天""你是我遇到的最有能力的人，在做事和为人方面没有谁能比得上你了"。如此对上司的"恭维"，让人感到肉麻，听起来也会叫人不舒服。

赞美要发自人的内心，因为你要赞美的人，是你了解的人，

你要赞美的话，是来自于被赞美人的优点。如果你能准确地用善意的、优美动听的语言，自然地将对方的优点赞美一番，既能使在场的人引起共鸣，也会使对方感到心安理得。

李琳从小失去双亲，被人领养后，这让她总是缺乏安全感。为了得到养父母的宠爱，她养成了看人脸色，讨好人的习惯。在她25岁那年，她结婚了。老公对她很好，但他却不喜欢李琳对谁都要说一番好话的习惯。尤其是当李琳赞不绝口的时候，老公总会不耐烦地打断她，说自己想要清静一会。

一个周末，老公对李琳说："天气变凉了，你去年的大衣有点薄，明天咱们去商场，我再给你买一件新大衣怎么样？"李琳听了，心里别提多高兴了，她从饭后就开始给老公端茶倒水，非常体贴。第二天出门时，李琳又是走一路夸一路。看到其他夫妻逛街，李琳就会说："你看，人家妻子都是强迫丈夫陪自己逛，咱们家却是你主动带我出来。相比之下，我比他们可幸福多了，老公你真棒！"

到了商场，老公让她挑选自己喜欢的大衣，李琳说自己眼光不行，要老公帮她选。老公看哪一件，李琳就说哪件漂亮，并夸他有眼光，总是能挑到适合自己的。最后，导购给他们推荐了两款价位不同的大衣。老公说："要这件贵的吧，穿着暖和，也能穿得时间更久一点儿。"，一旁的导购也羡慕地对李琳说道："这位先生对太太可真好啊！"李琳连忙说："是啊，他对我特别好，我缺了什么，他比我记得还牢，都会记得帮我买回来。在家里，如果我生病了，他急得跟什么似的，就怕自己对我不够好。你看，才刚刚降温，他就想起要带我买一件大衣……"

李琳的喋喋不休，让老公有点听不下去，忙把脸转向一边。

他把钱交给导购小姐，然后转过头，严肃地看着李琳说："以后，不要在外面一直提咱俩多好多好。你不烦，人家听了还烦呢！"李琳有点不高兴地说："我就是想让大家知道你对我好，你还烦我。"老公摇摇头说："可是好话就是再好，说太多，就变成废话和负担了。"

故事中的李琳，如果可以把赞美的话留在家里说，或者是在生活中少用一些语言，多用一些行动，表达出她对老公的感激和爱意，那么，她的老公就不会觉得她烦了。

一个气球吹得太小，会不好看；吹得太大，很可能会吹破。同理，识趣的人对他人的赞美总是会适可而止——真诚的赞美应该是恰到好处。赞美也讲究个度，要充满真诚、发自肺腑。

人人都喜欢听赞美的话，这是人的本性所决定的，但不一定所有赞美的话都能让人喜欢。因为在说赞美话的时候，要分场合、分对象、用恰当的语言赞美，才能赢得被赞美者的喜欢。否则，赞美话说得再多，也不可能达到赞美的效果。

赞美别人的几个小技巧。

在交谈中，识趣的人往往懂得如何赞美对方，懂得把握尺度，取得很好的效果，让人觉得这个人真会说话，很受用。记住，恰如其分、点到为止的赞美才是真正的赞美。使用过多的华丽辞藻、过度的恭维、空洞的吹捧，只会使对方感到不舒服、不自在，甚至难受、肉麻、厌恶，其结果是适得其反。

在用称赞的方式谈话时，要注意以下几点：

（1）称赞要发自内心，要真诚、要诚恳，不要故意做作

由衷的赞美，哪怕是一句平平常常的话、一个充满敬意的眼神、一下轻轻的拍肩，都会产生意想不到的效果。

（2）称赞要具体而不要抽象笼统，赞美要有针对性和具体化

如果我只告诉某人他干得不错，然后走开了，他会怎么想，他会感到很糊涂，心中纳闷："我哪点做得好？"

（3）赞美要实事求是，不要假大空

赞美有很重要的一点要注意，赞美人不可言过其实。赞美如果不真实，会让人如坐针毡，浑身感觉不自在。

总之就是不能太假。太假的话反而会让人反感，不但不会让人觉得自信增强，反倒会觉得受到侮辱。所以赞美别人务必要具体化，要有事实、有根据，否则就变成了阿谀奉承或是别有用心。

（4）间接的赞扬比直接的称赞要来得有力

真诚坦白地直接赞美别人，固然能取得效果，但如果用词不当，就可能使赞美之词沦为阿谀奉承，给对方留下不好的印象，让人觉得你的赞美之词太露骨、太肉麻。你如果担心出现这样的结果，那么最好采取间接的赞美方式，着重表达自己对某一类人或物的赞美，同样会收到不错的效果。

（5）称赞要有度，懂得适可而止，不可过度赞美，不可无限拔高

总之，每个人在生活中都有其各自不同的辉煌成就，这一点是每个人都会引以为自豪的。只要我们及时发现他们的优点，并加以诚恳的赞扬，定能加深双方的联系，使我们与对方迅速融洽起来，那么生意上的障碍肯定会不攻自破。赞美他人不宜滔滔不绝地去赞美，赞美的好话说的太多会露出破绽。因此赞美应该是适可而止。说赞美的话也有学问，并非人人都能把赞美的话说到恰如其分。所以要注意技巧，既能使对方欣然接受，又能赢得对方对自己的好感，以达到其真正的赞美效果。

假如在聚会上发现某人的歌唱得不错，你对他说："你唱歌真是比张学友、刘德华都动听。"这样赞美的结果只能使双方都陷入难堪。但若换个说法："你的嗓音真不错，唱起歌来挺有感觉的。"他一定会很高兴。所以说，赞美之言不能滥用，赞美一旦过头变成吹捧，赞美者不但不会收获交际成功的微笑，反而要吞下被置于尴尬地位的苦果。古人说的好，过犹不及。

（6）赞美方式有讲究

"喜新厌旧"是人们普遍的心理，所以赞美应该尽可能有新意。陈词滥调的赞美，会让人觉得索然无味；新颖独特的赞美，则会令人回味无穷。对于赞美的话语要做到准确、精练，并且慷慨大方。

（7）赞美要分清场合

当我们要对他人进行赞美时，一定要分清场合。如果公共场合大肆赞美他人，尽管你自己是发自内心，但别人会认为你这个人很虚假、很做作。

（8）赞美的话要及时

对他人进行赞美要及时，及时的赞美能起到雪中送炭的作用。别人正需要的时候，比如获奖了或取得了某些成功，在祝贺的时候，要及时进行赞美，这样更能起到鼓励的作用。

4. 帮助朋友，不要总把你的恩惠挂在嘴边

在生活中，有功于人不可念，给别人的恩惠和帮助，不要挂在嘴上念念不忘；对不起别人的地方，我们一定要时时反省。

别人对我们的帮助不能忘记，而对不住我们的地方，需要有一颗体谅之心。

一个人的境界高低决定了其成就的高低，如果只记住你对他人的恩惠，而又常常拿出来夸耀，一定是一个心胸狭窄的人。一个识趣的人，要学会忘记自己给予别人的恩惠，也要时刻记得别人给自己的恩惠。如果你天天把自己对别人的那点好挂在嘴边，慢慢地别人对你的感恩之情，就会被你的屡次提及给耗尽。

总把恩惠挂在嘴边的人，没朋友。

上大学的时候，孙小林和李潇是一对铁哥们。两人经常一起旅行、看电影，参加各种活动。那时候，因为李潇是农村孩子，家中兄弟姐妹甚多，他的生活费远比不上自家开公司的孙小林。因此，这些花费多由孙小林出。

毕业后，李潇凭着优异的表现进了一家大公司，收入也渐渐多了起来。一个人在大城市漂泊，使他怀念起大学的那段日子，更想念自己的好友孙小林。当年孙小林对他的好，让他对孙小林始终有着浓厚的感激之情。于是，两人再度联系上了。

没过多久，孙小林告诉李潇，因为不想再啃老，他决定出来闯一闯，就到李潇所在的城市。李潇一听，很高兴，强烈要求孙小林住到自己租的房子里。不但方便，兄弟两个也可以重新回到大学那样的生活里，孙小林也接受了他的建议。

一开始，两人也确实友情如初，与大学的时候没什么两样。唯一不同的是，曾经孙小林是掏钱的那个人，现在掏钱的成了李潇。当然，这其实都不算事儿，两人都不是太把钱放在心上的人。但问题在于，与朋友聚会的时候，每当有人表示羡慕孙小林能交到李潇这样的朋友时，孙小林总是有意无意地点出，他当年对李潇怎么怎么好。

久而久之，"我当年对你如何好"这样的话成了孙小林的口头禅，经常出现在两人的对话中，这让李潇心中埋了一根刺。尽管他努力告诉自己，这只是孙小林无意识的举动，可他还是感到难受，这让他有一种被视为忘恩负义之人的感觉。难道他有什么地方对不住孙小林吗，还是说在孙小林的心里，他李潇就注定要矮一头？

就这样，李潇开始不太喜欢和孙小林一起参加聚会了。第二年，他们也没有再住在一起，虽然见了面依旧是哥们儿，但两人都能感觉到相互间的那层隔阂。

乐于忘记其实是一种美德。要知道老是提起你给别人的恩惠，本来是做的好事，却惹得别人厌烦，最后反受其害，搞得自己痛苦不堪，何必呢？

乐于忘记对别人的恩惠，才能得到别人的心。乐于忘记，也可理解为"慷慨大度"，这是一种"识趣"的体现。

在日常生活中，凡是别人帮过你的，一定不要忘记，要懂得报恩。而如果你帮助过别人，就不要奢求回报了。如果你刻意要求回报，你先前的这份情感投资就成了注水的猪肉，最终不会得到任何好处。别人得罪了你，本是一件芝麻大的事，笑一笑就过去了。你却气愤难平，好像对方在故意刁难，往往就会把小火星烧成冲天大火。到那时，你的人际关系会糟糕的不可收拾，大家见了你就绕道，唯恐避之不及！等你遇见困难、摔了跟头，谁还会帮你？

帮助别人，也需要一些小技巧。

要想做个识趣的人，在帮助朋友的时候一定要注意以下几点，才能赢得他人的尊重，收获朋友的真心，换来更大的回报。

（1）要有同理心，不提对别人的恩惠

鉴于这样的认知，生活中我们常常最不愿面对的就是受人恩惠。正所谓拿人手短，吃人嘴软。欠了别人的人情，感觉在他面前一辈子都抬不起头。所以，反过来想，当我们对朋友施以援手时，为了不让这份情谊变质，最好也不要总把恩惠挂在嘴边。

（2）不张扬，以平等的方式帮助别人

生活中，常常把自己的恩惠挂在嘴边的人是令人厌烦的，尤其是在朋友之间，这种无形的伤害更是巨大。须知，帮助常常是出于同情，而同情本身就带有居高临下的姿态。若总在朋友面前提起自己对他的帮助，就会让对方时刻感觉到矮人一头，这样的感觉，没有谁会喜欢。因此，总是张扬自己恩惠的人，可谓无知。

（3）助人为乐，不求功

"事了拂衣去，深藏功与名。"亲戚、朋友、同事，无论谁遇到犯难的事，只要力所能及，我们要尽最大能力帮助他们，过后也不要提及，更不能居功自傲。就算别人没有郑重其事地感谢你，也不要苛求，学会以通达包容的态度看待周围的一切。

5. 有一种情商叫不拆穿你的谎言

孟非说，识别别人的谎言，靠的是经验，或者是一种能力。但是发现了别人的谎言，不把它说破，靠的是一种境界、一种修养。不是所有的谎言都需要发现了，就把它说破。

在生活中，对于身边人做出的不妥之事，有时我们会一眼看破其本质。但是碍于对象、场合和时机，并不合适说破，否则，既容易让人下不了台，又可能伤了感情。

人生已经如此艰难，你又何必再去拆穿。

在电影《美丽人生》中，父亲圭多为儿子编织了一个美丽的"白色谎言"，是一个父亲在极端环境下给儿子的"恩赐"。这样的谎言可以奏效，与圭多的笃定、睿智分不开，旁人的不拆穿也尤为重要，后者尤其令人感动。

在这个可怕的集中营里，圭多告诉儿子所有的一切不过是场游戏，囚犯是游戏者，必须遵守规则；士兵是仲裁人，不得不假装严厉。任何人只要完成这场游戏就可以赢得奖品，头奖是一辆坦克——真正的坦克。

圭多声称在房间里预定了床位，这种荒诞的开场并没有使狱友发出质疑或者不屑；圭多安慰儿子说狱友都是熟人，也没人否认；圭多问巴图是否有送过果酱面包，巴图无奈地点点头，露出苦涩的笑容；父亲带着微笑向儿子解释游戏规则，没有人拆穿他的假话；这些人虽然大都自身难保，但没有再去落井下石。不以别人的痛苦和尴尬为乐，而是默默维护这黑暗中的希望之光，真是无比善良。

是啊，"人艰不拆"。别人的人生如此地艰难了，你又何必不知趣地拆穿呢。

如果你不能为他人的幸福添砖加瓦，不拆穿就是一种最大的善良。一个成年人应尽力避免使他人陷入尴尬的境地，这是一种美德。

郑板桥说"难得糊涂"。拆穿谎言虽然大快人心，但拆穿谎言有时候实在是没有必要。如果我们假装相信，反而会让大家更愉快和谐。有人可能因为经济窘迫而谎称没有时间参加聚会；有人可能忙于打游戏而谎称没有看到消息；有人可能刚刚起床却告诉约好的人正在下楼；有人可能为了面子或者其他什么东西而夸大部分事实……不拆穿并不会对人造成损害，而拆穿则会使说谎者陷入尴尬，或者不得不再次说假话，这是更大的恶意。

看破不说破，有些谎言不要去拆穿。

情商高的人，在与人交往的时候懂得察言观色，更能受到大家的欢迎。毕竟一个懂得看形势、识趣的人，谁不喜欢呢？要想成为一个识趣的人，在与人交往时要注意以下几点：

（1）克制自己，说话的时候注意场合

谎言有时会造成损害，为避免损害而戳破谎言无可厚非。但我认为我们应当尽可能保持克制，尽量不在众人面前拆穿。我们不需要当着众人面揭发冒充残疾人的乞丐，也不必冷嘲热讽使说假话的"渣男"（或者"渣女"）难堪。如果要避免损失，我们责无旁贷，但也有义务选择一种委婉的、和风细雨的方式。尽管我们有许多理由给予不堪的人以致命一击，但也不必真的使他不能下台。

（2）讲道义，尽量不伤害别人

对于一件可能造成损害的事情，如果可以做可以不做，那么最好不做；如果必须要做，也应当把损害降到最低。这是我们内心的"自由裁量"，把自己的快乐建立在别人的不快乐之上，终归是有些不道义的。

（3）不是原则性问题，不要多管闲事

当然"拆穿"未必是指拆穿谎言，也可能是揭示被蒙蔽的真相。如果一个人笃信拜佛可以发财，不必去反驳他。因为拆穿了并没有什么好处，不拆穿也没有什么坏处。所谓看破不说破，朋友继续做。像这样一些事情做起来也十分容易，只要不多管闲事就行。

（4）来说是非者，便是是非人

我们不拆穿，免得对方尴尬，免得自己显得咄咄逼人。不能与人为善之人，最终必为他人所疏远。在人世间，最贴心的一句话永远是：我懂你！对待他人，无论是所爱的人还是萍水相逢的人，我们需要的只是"同情的理解"，只是沉默，只等待时间为我们展露真相。

6. 如果不是请客，就别让朋友买单

生活中，总有一种人，吃饭的时候最积极，买单的时候总假装糊涂。每次吃完后都说下次我请你，但从来不请。朋友之间的情谊是需要经营的，今天他请你吃海鲜大餐，明天你请他吃蛋糕甜品。礼尚往来，重点从来都不在于"礼"的轻重，而在于是否有"往来"。

那些占了一时便宜的人，终将失去一群朋友。

阿春在一家传媒公司做文案，基本上不加班、不出差、没有业绩压力，工资一般。但阿春却是他的朋友里最懂生活的人，经常晒各种美食、各种夜生活。朋友都羡慕阿春：不是在喝酒

就是在去喝酒的路上；不是在夜店就是在去夜店的路上。

阿春觉得，如果不能靠自己的双手过上想要的生活，那就靠别人，比如把朋友当成提款机、冤大头。他觉得朋友缺人陪，他刚好有时间，各取所需，有何不可？而且，酒肉朋友，何必考虑明天；好朋友，自然会容忍他！

阿春想的挺好，当然，起初朋友们也不是很在意。但是没过多久，这种只赴约却从不掏钱的习惯让朋友们很无语，他在圈子里的名声彻底地坏了，大家都避之不及。阿春只好灰溜溜地辞去工作，去了另一座城市重新开始。

朋友之间的交往其实都是平等的，无论你是达官贵人，还是市井小民。他有钱，不代表他有义务替你买单；你没钱，也不代表你有权力让他买单。无论是朋友还是情侣，如果不是请客，就别让朋友买单。

如果你不爱他，也请别老让他买单。

刚工作的时候，橘子乐观自信的形象在公司很受欢迎。比如她不知道表格的公式，同事热心地教她一遍又一遍；不知道酒店、餐厅的预订电话，有同事会帮她预订；下雨天没带伞，有同事把自己的伞借给她，自己淋回家。

年轻、优秀、漂亮的女孩，更容易在职场吃香。橘子也不例外，无论是一起入职的同事 A 先生，还是大她五六岁的主管，都对她很殷勤。

A 先生跟橘子同一天面试、复试，入职后也被分到了同一个部门。初来乍到的员工通常都会结成小团体，工作上的难题大家一起讨论，还会一起吃午饭。因为橘子是个路痴，经常坐错公交，顺路的 A 先生上班、下班都会等她，和她一块回家；

因为橘子爱吃零食，A 先生经常给橘子买各种小零食、小糕点之类。

主管是橘子的上司，橘子入职后，因为乐观、开朗的性格，不到半个月就适应了部门的工作，并且把公司的氛围带得活跃起来。连橘子的同事都说，自从橘子来了之后，部门的精神面貌变好了，连福利都变好了。原来半年不聚一次，现在每周都组织爬山、真人 CS、户外烧烤、唱 K、聚餐等活动。

后来橘子才知道，并不同路的 A 先生，为了跟橘子坐同一辆公车，愣是提早坐到橘子家公交站的前一站下车。等到了时间看到橘子后，再上公交。后来主管经常单独请橘子吃饭、看电影。

这时的橘子心里很忐忑，虽然，别人免费请自己是不错，但是总是不安心，她去了一两次之后，再也不敢去了。橘子也下意识地拒绝了很多同事的好意，这非但没让她得罪人，还令她的为人处世更为大家称道。

你在生活中是不是也遇到过这样的人，她们把年轻当成本钱，把美貌当成男人钱包的通行证，遇到追求自己的人，只要不反感就不拒绝。她爱花，他便每天一枝玫瑰；她爱笑，他便每天一则段子；比如她爱吃，他便淘尽天下的美食。

因为爱她，所以只要她喜欢的，他通通满足。而她却又始终站在离他不远不近的地方，接受他的示爱，但从不让他靠太近。

被人疼爱着的女人是幸福的，不过橘子也觉得，被爱和接受男人爱的表达是不一样的。无论是对 A 先生还是对她的主管，橘子的心里都只有同事之间的感情。既然不爱，也从未想过接受他们的爱，那凭什么享受他们爱的馈赠？

无论贫富美丑，都会有那么一个人，在一定的时间出现在你的面前。如果你不喜欢，请以朋友的名义相处，毕竟谁也没有义务为你的生活、为你的幻想买单。爱情最可怕的并不是爱上一个不该爱的人，而是那个人以爱的名义，挥霍你的时间、金钱和感情。

　　如何学会优雅地买单？

　　在和朋友一块出去吃饭，如果不是请客，尽量不要让别人买单。如果实在争不过，也要用一些小技巧来给对方以回应，这样才能显出你的修养。

　　（1）弄清买单的情况，适时地表示感谢

　　在不清楚由谁买单的时候，您可要问清楚，如"总共多少钱？""我该付多少？""这顿是由谁来付的？"等。含含糊糊地让人请客，这样可是不行的！

　　别人为你买单时，请面带微笑地表示感谢："承蒙款待，今天的饭菜真好吃。"

　　（2）额外加分的关怀

　　买单之后，走出餐厅分别时，向买单的一方表示感谢可是基础中的基础！"承蒙款待""非常好吃啊"，就算每次都是别人请客，您也不能习以为常、心安理得。面对对方的好心和诚意，您也要以诚相待。

　　而且，"下一个酒吧由我来请！""下次到我推荐的咖啡店，去尝尝美味蛋糕吧"等等，这类很淑女的关怀也会让男士顿生好感。

　　（3）成人的举止

　　总之，先由某一个人买单，然后下一家店再由另一个人付钱，或者明确下次由谁请客，这样的行为很讨人喜欢。不要像个家庭主妇一样几块、几十块都要斤斤计较，双方请客的金额要大致相等，这也是成人的社交礼仪之一。

（4）额外的礼物

如果由别人来买单，而您之后却没有机会请客，表示一下关怀就显得很重要了。您可以送上贴心的礼品或者礼券，当然，也不要忘了邮件、信件、购物卡等礼物。

第七章

不凑合不将就，把每一天都过成诗

1. 最无趣的是，做什么你都用"随便"打发

"今晚吃什么？""随便。"在面临生活中简单选择的时候，我们经常会听到这样的答案。人们在社交中最常犯的错误就是，常常不愿意主动而明确地表达自己的需要，总试图表现得特别识大体、随和、无欲无求。其实这样做，只会让人觉得你是个没有主见，没有爱好或者不敢表达自己的人。

而"随便"也会给人不负责任的感觉，言下之意是"我不管了，你愿意怎么弄就怎么弄吧，出了问题你负责"。

"随便"多了后，危害无穷大。

李喆最喜欢说"随便"，只要大家一起做决定，轮到他发表意见，他就说："随便"。不管是工作中还是私下里，吃饭还是打球，只要让他发表意见，李喆就冒出"随便"这两个字，经常让别人很无语。

这天，同事小芸带了些水果到办公室，她问李喆要苹果还是香蕉。他头也不抬地说："随便。"

小芸一听就生气了，她小声嘀咕道："又是'随便'！我带的是苹果和香蕉，可不是'随便'。"之后，她顺手放下了一个香蕉就气愤地离开了。

确实，李喆的口头禅就是"随便"。有一次，李喆和女朋友打算一起去旅游，女友兴高采烈地提出了一个旅游路线，问李喆怎么样。李喆想也没想就说："随便吧，我觉得去哪都行啊。"女朋友一听就来气了，跟他吵了起来。

其实，李喆只是想尽快决定这件事情，但"随便"两字却打击了女友的热情，女友甚至气愤地说，什么都随便，那不去好了。

李喆感到自己好冤枉，"随便"只是个口头禅，没什么深层意思。有时他还觉得，说"随便"显得自己很随和，很好打交道！可为什么自己会处处碰壁呢？他不知道是不是他出了什么问题。

大多数国人从小就被教育，说话是要算数，不能满嘴跑火车。嘴里说"随便"，想用谦虚或者这种淡化个人需求的方式，作为人际关系的润滑剂。比如别人请你吃饭，你会客气地说"随便吃点就行"。

"随便"体现了中庸之道，也是国人含蓄的表现，但做什么你都用"随便"打发，也会有危害。

喜欢说随便的人是什么样的性格？大概和随便有关的性格有几方面：

（1）什么事儿都容易看开，懒得计较，俗话说就是大条；

（2）不够敏感，对外界细节变化和情绪变化反应迟钝；

（3）不够果断，做决定犹豫不决，优柔寡断；

（4）有时缺少主见或者不敢坚持主见，容易被太强势的人压垮；

（5）太过在意别人，要做老好人，有时说随便就是为了迁就别人。

但是不管是上边哪一种性格的人，只要爱说"随便"，都会让人感觉很无聊、很乏味。就像故事里的李喆，女朋友兴高采烈地问他去哪里玩，他说随便。换作是谁，也要火冒三丈。

别人征询意见时，你是不是也习惯说"随便"二字？其实随便一点都不随便，不要将"随便"当作口头禅，性格不是天生的而是后天养成的。"随便"说得越多，主见、坚持就会变得越少。你可以表达同意，或者用礼貌体贴的方式将主动权转让，但轻易别说"随便"。

学会不说"随便"。

在社交场合中，"随便"看似是一个洒脱不羁的通用语，但却透出一种漠然的意味。不管是在生活还是工作中，这样让人乏味的形象都不太受人欢迎，那么我们要怎样改变爱说随便的坏毛病呢？

首先，要改变这种心理和习惯，就要学会适当地主动发表意见。

如果要表达自己的意思又不招致反感，就要表现出礼貌、体贴。比如小芸给李喆水果的例子，最好回答"你带什么我都爱吃"。需要做分析再决定，一定要提出自己的看法。无论如何，都应该让人明白，在所有的决定中，你也在努力参与，这样才会有自己的想法和主见。

其次，针对这样一类喜欢说"随便"的人，在以下两个常见的场合，建议这样回答比较得体：

"你想吃什么？"如果宴请你的主人这样问你，最好回答"您对这个餐厅比较熟，听您的准没错"。如果是亲人，可以回答"您别太累，做点简单的就成""您做什么我都爱吃"。

"你觉得我们该采用哪个方案？"或"你觉得我该选哪件衣服？"别人邀请你参与决策时，需要表现自己确实经过了深思熟虑。如果是同事、朋友、伴侣问你，你可以稍作分析再肯定；如果是领导问你，你可以说"这方面您是权威，您选的肯定没错"。

当然，如果有自己的看法却不便直接指出，可以说："我觉得这个方案还可以……我觉得再加上×××会不会比较好……不过，这只是我的一点看法，不知道对不对，仅供您参考，说错了您也别在意。"

总之，不要轻易说"随便"两字，凡事说"随便"会让人讨厌。

2. 为什么说仪式感很重要

"仪式感"是现在很流行的一个概念，其实简单来说，所谓的仪式感就是一种强烈的自我暗示，是一种精神上的礼仪。一旦完成了充满仪式感的动作，内心便会出现提示。这种提示，能让自我发生变化，将自己的心态放松，得到生活中的乐趣，变得快乐。

越是无聊喧嚣的时代，人越是要学会用仪式感，以此进入一个属于自己的放松状态。现代人需要仪式感，这是一种与众不同的、足以改变生活的方法。

生活是需要一些仪式感的，这跟矫情无关，而是关于你对生活的热爱、对幸福的敏感。

琳达长期一个人住，每天下班以后就往菜市场跑。一个人吃饭，也会整三四个菜，荤荤素素，红肥绿瘦，一应俱全。不到二十岁的她活得像个公主，常常骄傲地跟朋友们说，生活怎么可以将就？即使一个人，也要精致地过日子，也要让生活变得庄重而有意义，每天都是新鲜的。

昨晚她在电梯里碰到了邻居萍姐，萍姐看到琳达手里拿着一把香水百合。便发生了如下的对话：

"又买鲜花了？能养几天？"

"差不多一周吧。"

"花这钱还不如买水果吃。"

琳达笑了笑，没有再说什么，刚好电梯也到了，各回各家。

琳达很喜欢花，每周会买不同品种的鲜花插在家里。清晨醒来，睁开双眼，花开正浓，色彩缤纷，能给她带来一天的好心情；工作累了，晚上回到家里，嗅着满屋子的清香，一天的疲惫一扫而光。

琳达觉得花几十块钱，换来心身愉悦，很划算。买花，代表着热爱生活，她觉得这也是一种仪式感。

每天下班回到家，吃了饭收拾一下，她还会下楼散散步，回来冲个凉。生活本身是枯燥的，再不给它加点灵动的旋律，真的会很无趣。于是她经常自娱自乐，买点鲜花，闻着花香，独自在月下喝杯红酒放松自己。

很有趣的是，《小王子》中也提到过仪式感这个东西，那是小王子和狐狸之间的一段对话：

"你每天最好在相同的时间来。"狐狸说，"比如说，你下午四点钟来，那么从三点钟起，我就开始感到幸福。时间越临近，我就越感到幸福。到了四点钟的时候，我就会坐立不安，我就会发现幸福的代价。但是，如果你随便什么时候来，我就不知道在什么时候该准备好我的心情……应当有一定的仪式。"

"仪式是什么？"小王子问道。

"这也是经常被遗忘的事情。"狐狸说，"它就是使某一天与其他日子不同，使某一时刻与其他时刻不同。"

村上春树也说：仪式是一件很重要的事情。所以他也创造的一个词——小确幸。是指微小而确实的幸福，持续时间 3 秒钟到一整天不等。就像他写作的意境一样，有城市小资的调调，这种调调是我们需要的，需要用它来调节我们干燥现实的生活。

没有仪式感的生活，太可怕了。一年 365 天，除了吃喝拉撒，毫无期待；生活重复，乏善可陈，将多么黯淡无光。有仪式感的人生，才使我们切切实实有了存在感。不是为他人留下什么印象，而是自己的心在真切地感知生命，让生活变得更有意义、更有趣。

一个人只拥有此生此世是不够的，他还应该拥有诗意的世界。

日子过得浑浑噩噩，不知道今夕何夕了？如果你在自己的生命之绳上不借助"仪式感"去打一个结，做一个记号，你怎么知道自己走过了多少？接下来要怎么走？手里还剩多少呢？

让我们多多注意生活中的仪式吧！

（1）找到属于自己的仪式感，不在意别人的看法

我们大多数人有的不是很在意仪式感，可能是因为我们不喜欢被拘束。这让有些人看来很不以为然，甚至认为这是种矫情的行为。遇到这样的人，不要争辩，价值观不同，说了也是没用。其实他们并不缺那点钱，只是对他们而言，凡事都讲究性价比和实用性，不做"无用"的事。

（2）仪式感体现在生活的细节上

仪式感大都是在一些小事和细节上体现，不需要你花多少时间或多少金钱，只需要你有一颗热爱生活的心。

你觉得明天和今天并没有什么差别，生活几十年如一日，一生没有一丝波澜和变化，是因为你没有用心，仪式感需要人为去制造。

说起来每个人的生活都差不多，工作学习，吃饭睡觉。但如果有了仪式感，平凡的生活，就大不一样，日子过的有趣，也带来了激情，制造一些小浪漫会让人精力充沛。

一个寻常的节日，一件小小的礼物。和枕边人出门时道声再见，回家轻轻拥抱一下。平淡的生活，这些小举动很有必要。

这都是浪漫的仪式，收获感动的同时，让淡然的心生出一点涟漪，给无味的日子增添一点佐料，幸福感也将提高一个层次。生活有了仪式感，人生才变得丰富多彩、趣味盎然，其实我们每个人都有能力把枯燥乏味的岁月，过成一首动听的乐曲。

（3）在找寻"仪式感"的时候，不要在意形式，要关注自己的内心感受

其实，仪式感这件事情，并非一定是要高投入的。所谓的

仪式不管大小，它的最终目的不过就是让内心有所感受。

比如用过生日的方式来告诉自己，又成长了一岁，要比去年的自己更有担当；

比如用过情人节或者七夕节的方式来提醒那些一年来都忙忙碌碌的情人们，是时候该停下脚步，关心和呵护一下身边的伴侣；

比如你每一次阅读，或者做一件你认为重要的事情的时候，你可以通过有"仪式感"的行为来告诉自己，接下来自己要做的事情的重要性，甚至是庄严性。内心潜意识先有了提示，做起来就能更加投入，更加忘我。

总之，毫无仪式感的人生很无趣，那么我们一起努力，花点心思，把生活过得有仪式感，更精致一点。没有别的，只是为了让庸常的日子变得灵动，让一成不变的生活有起伏的律动感，等回过头来看看走过的岁月，有众多可回忆的惊喜。

有仪式感的人生，才使我们切切实实有了存在感。不是为他人留下什么印象，而是自己的心可以真切地感知生命，充满热忱地面对生活。

3. 生活未必称心如意，但要有苦中作乐的反转能力

有趣的人必定乐观。对于问题、困难，有趣的人想的是如何去解决问题，而不是抱怨现实条件或推诿于人。有趣的人是行动派，也是理想主义者，所以但凡有趣的人，能力都不会低到哪儿去，甚至都具有苦中作乐的反转能力。

世界以痛吻我，我要报之以歌。

李京和白雪夫妻二人，收入还算不错，孩子上小学，天真活泼，双方父母身体健康，可以说生活得非常和美。

然而有一年，李京合伙的创业公司倒闭，白雪工作的单位经济效益大幅度下滑，单位开始大规模裁员，裁员的名单中就有白雪的名字。夫妇二人到处找工作，但迟迟没有结果。这一家上有老、下有小，干什么都离不开钱，朋友们都以为这小两口该终日愁云密布了。

然而事实出乎朋友们的预料，夫妇两个见一时找不到工作，就在夜市上摆了个小吃摊，收入可以勉强维持全家的生活。

以前，晚上有空闲的时候他们会去酒吧坐坐，现在没钱去酒吧，晚上就去小区的广场上和大妈们一起跳一段广场舞。父母依然乐观，而孩子也受到父母的熏染，笑声不断，活泼依然。尽管夫妻二人下了岗，收入锐减，却依然能够苦中作乐，享受生活。

白雪的朋友圈经营也没落下，没有受到事业失败的影响。

翻开她的朋友圈，满眼都是洒满阳光的公园、深夜诱人的美食、枕边的一本小说、路上偶遇的流浪狗……

白雪和她的朋友圈一样，万年不变的意气风发，一丝不苟的妆容，头发梳理的连根乱发都没有，从鞋子到口红，没有一丝纰漏，还和上班的时候一样。

她总说，有人愿意来买小吃，打扮得好看点，这是尊重。

她总有神奇的反转能力，杂乱、狗血的生活都被她当作自己乐观面对生活的素材。有一次，一个朋友开玩笑说要尝尝他们家的美食，白雪二话没说，干脆骑了个共享单车给她送去。

于是，她的朋友圈又有了新题材：今天当了一次外卖小哥，原来骑车端汤不洒这么难，不服气的来试试。

当我们在称赞一个人很有趣的时候，更应该称赞他是一位勇者！在身处困境之时，也只有那些有勇气的人，才不会为无力改变的事物悲伤懊恼，徒劳地浪费时间。悲伤懊恼不仅不能改变现状，反而辜负了自己的人生。不如转身选择那些"伸手可及"的事物，抓住每一个机会，收获任何可能得到的东西，以豁达的心态去享受生活的美好。

所以，那些朋友圈里那么有趣的人都是怎么炼成的？他们一定比我们活得好吗？答案当然是不尽然的，人的生活是没有永远光鲜靓丽的。所以要想成为一个有趣的人，必须要学会苦中作乐。

有趣的人是勇者，也是行动派。

泰戈尔说："世界以痛吻我，要我报之以歌。"作家马德说："世界以痛吻我，我要报之以歌。"有趣的人面对这个世界的苦难和人生的挫折，会满怀希望，用积极乐观的心态去面对……

所以要想变得有趣，要有苦中作乐的反转能力：

（1）改变思维模式，接受现实

有趣是装不出来的。你要从改变思维模式开始，不要一遇上事就被情绪吞没，而是应该第一时间想想有什么解决办法。情绪不好的时候，一个人待会儿或者找个好朋友倾诉。

其次，苦与乐虽然是主观上的认识，但是对人而言，苦是消极的，只会让人更加苦；而乐却是可以激发人的状态，让人以积极向上的态度去面对已发生和未发生的事情。生活就是那样子了，如果你还不苦中作乐，只会自怨自艾，那么很快你就会发现，你更加苦了。最后，用另外的一句话来讲，你不能改造世界，但是你能改造你自己。

（2）学会自我激励，保持热情，多多尝试

面对生活，我们每个人都有迫不得已的时候。面对工作，我们也有压力，这些都是我们的烦恼和痛苦。我们该如何学会在逆境中保持对生活的热情、对工作的激情呢？

遇到事情少问几个为什么，多想几个解决的办法，这个方法不行就下一个方法。时刻保持对生活的热情，做起来很难，但是人生最大的智慧就是学会在逆境中生存，找到乐趣，学会"苦中作乐"。

如果学不会自己鼓励自己，拿什么来面对社会竞争的激烈？拿什么来面对打拼时的孤独？大道理人人都懂，要知道害怕是没有用的，最后解决问题的始终是你自己。遇到困难，不妨多试一些方法，你怎么知道你不行呢？

（3）拥有乐观的心态，对未来保持信心，相信未来是美好的

无论怎么样，都要相信未来是美好的，你总会找到适合自己的路。也许你会害怕，但是永远不要退缩畏惧，只要坚持下去，一直向前跑，就会离你的未来更近一步。生活不可能永远像一首田园诗，每天都阳光明媚、和风习习。难免会有狂风大作、暴雨倾盆的日子。人的一生如天气的变化，难以预料，经常会陷入各种各样的困境之中。然而，天无绝人之路，生活既然把人们扔进困境之中，同时它也会赋予人们走出困境的力量。因此，我们应时刻保持积极的心态，在想方设法解决困难的同时，享受五彩斑斓的生活。

4. 再美的远方都不抵你手中滚烫的日子

高晓松说："生活不只是眼前的苟且，还有诗和远方。"这句话引起了大家的广泛关注，成了很多人感慨时用的口头禅，在朋友圈中流传甚广。可能远方因为太远，所以似真似幻、捉摸不定。我们把它幻想得格外诗意，远方的天空是湛蓝的、阳光是温暖的，信仰都带着虔诚的味道。

很多人抱怨自己从事并不喜欢的工作，要么压力太大、要么薪水太少、要么没多少技术含量是在浪费生命、要么离家太远对不起家人。我们总是在向往远方的美好，期待着有一天能去到那里，静静地待着什么都不用想。而真正有趣的人，大都能够在看似苟且的现实生活中，找到诗意的美好。

远方再美好它也只是路边的风景，而工作才是滋养我们真实生活的那片土地。

最近一部关于宫崎骏的纪录片在网络上流传开来。

2015 年摄制组去拜访宣布退休一年多的宫崎骏。满头白发的老人家一边泡着咖啡一边自言自语："葬礼多到让人讨厌。"随后端着咖啡坐下怔怔地望着窗外："我发现自己跟不上这个时代了。"

眼前这个絮絮叨叨、无精打采的老人，似乎很难让人把那么多直击人心的经典动画跟他联系起来。

"几乎没有人来访，这是我们不曾想过的宫崎骏的晚年生活。"摄制组对第一次的拜访深有感触。

当然，大师不会这样度过最后的日子。

坚持了一辈子只用手绘、四秒的镜头要画上一年的宫崎骏，最终接受了最前沿的 CG 技术，再度出山，开始了新片的创作。

宫崎骏兴奋不已地连轴转："在制作中死亡比什么都不做就死了要好，做点什么总比等死强。"

老人家没法预料自己剩下的生命，还够不够制作出这部长片，所以一边不停地画，一边对自己说"加油啊老爷爷，剩下的时间不多了。"

忙碌了一辈子的宫崎骏明明可以在家好好歇歇，却非要继续被焦虑、失眠困扰着一边抓狂一边又热情高涨地投入到高压工作中。

76 岁的老人家还在享受当下工作的乐趣，而有些人却在向往如诗般虚幻的远方，却看不到眼前的美好。

我们有什么资格抱怨自己的工作重复没有技术含量？

它并没有阻止我们去学习提高自身能力，反倒还给了我们很多。

没有工作我就不可能认识现在这群可爱的同事，虽然生疏不一，却构成了我们生活的重要部分，参与了我们的喜怒哀乐。

没有工作渗透到我们生命的年轮，我们也不可能变得越来越笃定，越来越相信自己。

没有工作我们可能大部分时间在家待着，看着孩子一边期待他/她快点长大，一边又不安自己年纪越来越长。

远方再美好它也只是路边的风景，而工作才是滋养我们真实生活的那片土地。

工作的意义也绝不只是赚钱，虽然赚钱是大部分人工作的初衷。工作能赋予我们生命新的意义，创造我们生命的专属价值。工作能让我们找到自己存在的理由，哪怕被连连暴击之后，却还能收获全新的自己！

从关注一呼一息开始关注当下的生活，寻找自己真正喜欢做的事。

人生这趟旅途有太多的诱惑，在很大程度上，我们已经迷路了。我们可能被远方迷住，忘了自己本来的生活。我们现在眼睛睁得大大的，好像很清醒的在走路、说话、生活，然而真相是：我们并没有在醒着。我们迷失在头脑里，迷失在对远方和未来的想象里。我们可以用以下几个简单的方法让生活变得更丰富，以重拾我们对生活的兴致。

（1）保持好心态，培养一种从容的心态

我们做事情要能沉得住气，而不是想马上看到效果。多把目标放在怎样让自己更幸福，而不是赚更多钱、爬到更高的位置上。

（2）有规律的生活习惯

我们在该吃饭的时候吃饭，在该睡觉的时候睡觉，每天坚持运动，多读些书，吃的合适而健康，饮食有规律，让自己的身体好一点。

（3）经常自省和反思

每周、月、年花上一定时间做做总结，反思一下这段时间以来哪里做得不好，如何改进。

（4）刻意的练习有效集中注意力

可以试试瑜伽、太极、静坐之类的活动，培养长时间集中注意力的能力。

（5）把时间多花在家人和朋友身上

学习一些夫妻之间的相处之道，如果未婚就把家人的关系搞定，这能让你减轻很多压力。

（6）关注一些生活中的小细节

当你一早醒来，在下床之前，花几分钟单纯的呼吸；当你冲澡时，和水的温度以及香皂的芳香保持临在；在吃早餐时，保持临在；在洗碗时，保持临在。如果你临在，你会发现，洗碗都可以成为一次有趣的体验。

5. 给家换个风格，换个心情

有趣的人都是热爱生活的人，他们关注日常生活的点点滴滴。

环顾一下你的居室，或者回想一下不久前你离开家时房间的样子。地板上有没有积满灰尘；沙发上是否有堆积如山的过期杂志；衣柜里是否凌乱不堪；厨房灶台上是不是油渍斑驳……

如果是这样，那么要小心了，你的人生可能危机四伏。这绝非危言耸听，一个很差的居住环境，会对我们的生活造成不良的影响，甚至会让我们产生一些消极和抑郁的情绪。

如果你的心情很不好，我们可以从家居装修入手，在改善居住环境上做文章，花点心思给家换个风格，让明媚的阳光帮你消除心头的阴霾。

老旧的房子，只要一点简单的改造就能大不一样。

李大萌和丈夫结婚十年，他们的房子也买了七八年了。李大萌对他们家的房子，越来越不满意。

她看到自己的家杂乱无章，昏暗光秃秃的墙壁、破旧的家具，还有那土里土气的老装修样式就很不舒服。

她当即决定将自己的家进行一些改造，和丈夫商量好后，周末，她就开始行动了起来。

住过几年的房子，墙很脏了，她就重新贴了壁纸；采购了一些简单的家具，还改变了一些家具的布局；在茶几、矮柜、书柜等多处摆放绿植，营造出自然清新的效果。

经过她的一番折腾，原本有点压抑凌乱的屋子，通过崭新的壁纸以及绿色的植物，变得生机勃勃，成了一个适合工作和休闲的舒适空间。

改造前，房间多少显得阴沉；改造后，通过贴壁纸和家具的精心布置，不再显得空间暗淡无光。被彻底闲置的阁楼，在少女心色彩、温暖地毯、经典沙发等的布置之下，营造出一种舒适的生活氛围。

爱好手工、满脑子奇思妙想的她，还给自己弄了一个小小的工作室。

说是工作室，其实主要就是书房里一个不大不小的桌子。她往工作室的墙上，可劲贴画儿、贴照片，虽然看起来很乱，但这里充斥着她的一切喜好。每晚下班回去她就会在这里做些手工小玩意，生活也越来越有意思起来。

改造只是一件小事，但是在她耐心仔细地打理过后，生活在一点一滴地发生改变，她的心情也跟着明朗了起来。

改造房屋风格的步骤和方法。

房屋风格的改变其实很容易，不需要大动干戈。在窗边搭一个木板或小桌，就能坐到那里喝咖啡吃早点，让你远离手机，对视力也有益处；买一块罗马白布，把家里不用的角落遮起来，看书或者冥想，有仪式感又可爱；在墙上挂一块你最喜欢的大织毯，就能完全改变风格，阿拉伯风、欧洲贵族风或日式古典风可以轮流换……你还能DIY墙纸、抹布和镜子。

这些做起来虽简单，但在改造之前我们要先想好以下几个问题：

（1）任何家装改造都会产生费用，要提前做好相关预算。

（2）对自己家里现有的家具整理规划，能使用的，能改造一下再使用的。

（3）明确家中现有的家具适合什么风格，以及与自己喜欢的风格相差大不大？

（4）适当的改善一些软装的部位，再学会一些简单的风格搭配。

做好了准备，选择好风格，那我们就可以开始改造了，下面是一些小建议：

（1）家具的选择

不管是改装还是新装，这个问题都需要注意，除了衣柜的高度不怎么需要介意之外，其他的斗柜都不宜选择太大或者太高，如果光线不好、面积不大，家具选择带脚的为宜。

（2）扔东西

与其添置新物，不如舍去杂物，装修改造其实并不能从根本上提升我们的幸福感！所以想提升幸福感，就要舍弃，让家里清爽起来。对家里的老东西们，未来三个月使用概率小于50％的都扔了，其他的归类收纳起来。

（3）把家变成植物园

绿植有妙用：小空间勇敢使用大植物；利用窗帘杆或在屋顶安装挂钩养垂钓植物；大小叶植物混养，大叶利于营造自然气息，小叶利于充实细节；小角落集中堆养，创造绿色角落，性价比最高。

（4）地板贴有妙用

木质地板是让房间提升品位的利器，但更换地板的成本太高。但是有个神奇的物品——地板贴！方便快捷，便宜而且好看。想要有木制地板效果的你，可以参考使用。

一条一条的地板贴，贴起来是相当容易。当壁纸和地贴都完成的时候，相信你的屋子已经截然不同了。

（5）改变家具的布局

找个周末，改变家中的布局，不论是调整家具的位置，还是更换沙发，甚至只是换一副全新的窗帘，都能让你感觉全身心的放松。

心理专家说，这是因为家是心灵的港湾，所以一个焕然一新的家最能缓解人的压力。

6. 以自己舒服的方式活着

生命有无数种形式，活法不止一种。别人看着自然，自己活的别扭是一种；自己活的自然，别人看着别扭又是一种。

如果你羡慕过仕途上的某个位置，你终会发现，在这个位置上得到的尊敬大多是虚假的尊敬；如果你仰视那些身居高位的人，你终会发现他们离开权柄之后，剩下的仅是闲言碎语；如果你崇拜那些有钱人的优越，其实他们也在羡慕你的悠闲。不羡慕别人，不卑贱自己，按内心的真实想法生活的人是最有趣的。

一个安心的人在哪都可以过自得其乐的生活，抱着振奋乐观的思想，如同居住在皇宫一般。

从电视台辞职的孙宁，一边开着自己的小服装店，一边读书写作、喝茶种菜，生了两个孩子，过得其乐无穷……

很多人都会感慨，"这么好的工作可惜了。"但是孙宁不这样认为，辞去工作后的她才真正称得上是一个"生活家"。

作为一个生活家，孙宁的生活有滋有味，有声有色。这样的生活，其核心在于发自内心，顺其自然；在于与这个世界达成和谐，达到彼此的融合。孙宁说："没有谁的人生是完美的，但追求完美的姿态却可以变成美。手工好不好没关系，画得好不好没关系，喜爱才重要。全身心投入一件事，享受它，那么在这个过程里，你其实已经开始收获了。生活一思索都是疑问，唱出来才是歌。不需要多大的梦想，只需要小小的心愿。设定一个，然后一点一点接近它，我想每个人都能找到灵魂在跳舞的感觉。"

带孩子、洗衣服、写字，这三件事构成了她过去几年生活的主线。孙宁的生活在很多人看来，其实也是平淡无奇甚至无聊乏味的，但是孙宁却做得有滋有味，因为喜欢，所以欢喜。

能看得出来孙宁是个打心眼里热爱着生活的人。正如梭罗在《瓦尔登湖》里写道，一个安心的人在哪都可以过自得其乐的生活，抱着乐观的思想，如同居住在皇宫一般。

在这个世界上，追自己的梦，以自己舒服的方式过一生，就是最大的成功。

小木高高的，笑起来爽朗帅气，浑身上下都散发出年轻人固有的朝气。谈起他日常的生活，提到频次最高的词依次为：骑车、攒钱、读书。

小木是性格爽朗的北京大男孩，说话贼快，此起彼伏，发生在他身上的趣事儿似乎怎么也讲不到头。他说，他最喜欢的就是骑自行车，除了花样百出的绝技，还有不定期的长途远行。随便背个包，塞些生活必需品，就能一路奔向江南，全然不顾自己身上只有寥寥 2000 块钱。

一路上出北京，绕河北，逛山东，吃过德州的扒鸡，踏过青岛的海浪，在安徽黄山脚下感受过温柔细腻的薄雾和凉风，也曾在上海外滩边，独自傻傻地坐着看一场落日。

整个骑行过程毫无具体缜密的规划，大多时候，都是随心所欲调整目的地。作为一个普普通通的大学生，小木没什么钱，省吃俭用的零花钱都用来改进骑行设备了。

"住最便宜的青旅，逛门票不太贵的景点，只挑选更有人情味儿的地方待着。遇到有意思的人，就互相留个联系方式，等他来日到北京做客我定会热情招待。"小木说完自己的骑行日常，又忍不住吐槽。今年暑假，他这一路吃兰州拉面骑过去都快要吐了，不过想想一顿大餐的钱，都快够他再走一个城市的成本了，想要多看看这个世界，适当放弃点味蕾，也是值得嘛。

在飘忽而逝的生命里，想要寻到由衷的快乐，首先要释放自己，过自己喜欢的生活。

你的世界，你的国，你是王。

三千繁华，弹指刹那，人总要为自己活一次。你的世界，不必每个人都参与，你的国，你是王。人潮汹涌，你却不必随波逐流，去以自己舒服的方式活着：

（1）不在意别人的看法，走好自己的人生路

在人生的道路上，学会享受生命，避免拖着生命往前走，是人生最好的选择；习惯于无人欣赏，不把自己活给别人看，是人生的智慧；本性中存点不可理喻之处，心中不过分在意时代的脸色，会使生命更有趣。

（2）不设限，做真实的自己

世界上，人生没有固定的模式，谁如果为了某种目的用某种模式来框定自己，他迟早要留下笑柄。永不卸妆的演员、始终端着架子的领导，转身之后，人们多是嗤之以鼻。

在活法上，坚持寻找心中最感舒适的那一种。这样做的人就能得到老天爷最优厚的对待，享受生活中只属于你的快乐。

（3）不甘平凡，保持好奇心

可能大多数人都身处很普通的生活环境，做着很普通的工作，有着很普通的模样，我们熙熙攘攘、忙忙碌碌，终究都只是一个很普通的市井之人。没有太大野心，无须颠沛流离，只想守护着自己那一点点小确幸。但同时，我们不能在这样的生活中麻木度日，要对外面的世界保持着最普通，却是人性本能的好奇心。不要甘于平凡，要勇敢地去追寻你的理想。

（4）不拖延，放下羁绊，马上行动

巴菲特有一段话说得很好：这是一定的，你这一生，一定有机会得到一辆车、一所房子，但人生只有一次，你选择怎样

的人生到终老才不后悔呢？要过的值得，还有什么放不下的呢。

玛丽·狄·代芳夫人说，距离没什么可怕的，但迈开第一步却是困难的。我们要即刻开始，从细微处入手，积少成多，慢慢改变。

7. 一个人也可以过得有滋有味

无论你喜不喜欢，人来到这个世界的时候是一个人，走的时候也是一个人；离家外出读书时一个人，工作后未结婚时也是一个人；即使你已经结婚，可能你大部分时间还是一个人，也许是夫妻因工作而分居两地，也许是其中一方常常要出差。总之，人一辈子独自生活的日子还真的挺多，我们很有必要认真规划一下，如何让自己一个人生活时，也能把日子过得有滋有味。

小飞和女友分手 14 个月了，却依然单身。有时候，他想，是不是因为以前把好运气都用完了？老天爷总归还是公平的，所以就要让我等的时间长一点，再长一点。

在这等待的一年多，他慢慢知道了自己究竟想要什么，过着已婚后可能再也无法享受的自由时光。

在这期间，小飞与家人进行了一次开诚布公的谈话，获得了一段时间内保持单身的权利，父母自此未再对此问题多言语一句。小飞从内到外都没有任何压力，开始享受单身生活的美好。

小飞开始了单身旅行，这一年里他去了三个地方——云南、贵州和泰国，并且写了游览泰国的游记。正打算去一趟西藏加尼泊尔的朝圣之旅，或者台湾自由行。

小飞开始拍照片，365天里从什么都不懂到扫得了街，接得起跟拍，虽然水平还不满意，但是从前期到后期都在尽力提高自己的审美。

小飞开始健身，365天里体重从85KG减到72.5KG，但是穿衣显瘦，脱衣有肉，还保持着每天晚上去夜跑八公里的习惯。

小飞开始阅读，365天里读了不少书，养成了睡前阅读的习惯，看了很多关于心理学和摄影的书籍。

小飞开始精简生活，365天里捐出去了20多件衣服，扔掉了很多可有可无的东西，努力减少持有物。戒了游戏，倒腾有限的家具，保持屋里的干净和整齐，保持生活的激情和闲趣。

小飞还养了一只猫，总之，他觉得单身生活挺好的。

他居住的院子里有一株很老的梧桐树，晴天，还有一点咸咸的海风吹过的时候，他会坐在大树下，什么也不干。他常想，如果要我住在一棵枯树的树干里，什么事都不做，只抬头仰望天空的流云，日复一日，我也会习惯的，我会等待着鸟儿阵阵飞起，云彩聚散飘忽，也挺有趣的。

要过好单身生活，要培养自己对自己的爱，如果不爱自己，那么你爱别人都是自私。可以用更多的时间去提升自己的品质，若能去尝试变得开朗和有趣，那就更好了。

提高自己，花点心思，让你的单身生活过得更有意思。

单身生活可以有无限的乐趣，自由自在、无拘无束，是何等逍遥的日子啊。如果觉得烦了，我们要好好认认真真地聚焦于自己，看看下面这些小技巧吧！

（1）接受自己是单身的状态

这点非常重要。有些人到了适婚的年纪会非常恐慌，担心自己孤独终老。毕竟，我们都是普通人，都想按世俗约定那样过日子。尤其是亲戚会打电话问什么时候吃喜糖，朋友经常问有没有找对象，更让人压力倍增。

但是，缘分，真是可遇不可求。急，真的急不来。怎么办？那就相信缘分。然后，像所有心灵鸡汤说的那样，在等待的过程中，把自己变成更好的人。

（2）养成健身的习惯

健身是很重要的一个方面，是因为不论你热不热爱篮球、足球等体育运动，把自己的健康、身体素质，体质等等搞好，是一件有百益而无一害的事情。健身的好处说不完：你会精力非常旺盛，不容易累。就算累了，恢复起来也快；你整个人会显得非常的有精气神，所谓的气质就是自此而来；你的脑子会灵活一些，想问题轻松一点；你的免疫力会比大部分人好等等。这么多优点只需要你养成一个良好的习惯，一旦习惯了健身，一周三练也会轻轻松松。

（3）养成收拾房子的习惯

收拾房子没有想象中那么困难，可以买个吸尘器＋旋转清洗的拖把，总共也花不了多少钱。然后需要注意的是基本的杂物摆放问题，平时如果有东西原来在哪里，用完还放在哪里，你会发现收拾完一遍后，很少需要再重新收拾，可以保持很久。

（4）养成收拾自己的习惯

基本的个人清洁卫生要弄好。勤洗衣服、勤洗澡、每天刷牙洗脸…如果需要出门前记得照照镜子，整理一下自己的仪容，保持头发不乱、眼镜不脏、鞋子干净、衣服整齐。

（5）养成阅读的习惯

打游戏、看肥皂剧、刷微博这些习惯，除了享受之外，对你的帮助有限，所以尽量少在这上面浪费时间。而读书能使人明智，其实也不一定要读书，可以经常看一些分享知识的网站，比如知乎、虎嗅、果壳等等，都能提高你的水平，开阔你的眼界。在微信上订阅点好东西，每天上下班路上碎片化的时间也能有效利用起来。

（6）注意个人饮食习惯

一个人不好做饭，家里面可以备一些健康速食。另外，偶尔开开火做个饭，会一点厨艺，简直是生活情趣大加分……需要的不多，一个"下厨房"App或者网站，照着做就行，不要嫌麻烦。饮食习惯就几条：早餐要吃；一天最少两餐（早餐午餐）；一天最多可以吃5餐，但是总量别太过分，少吃多餐。

（7）保持良好的人际交往

来而不往非礼也，平时需要朋友的时候，别客气，偶尔请别人帮点小忙，别人对你的印象不会变差，反而会提高；朋友需要你的时候，没事的话就去，赠人玫瑰手留余香。

8. 有一种微小而确实的幸福无处不在

"小确幸"，意为微小而确实的幸福，稍纵即逝的美好。词语出自村上春树的随笔，由翻译家林少华直译进入现代汉语，并且在台湾走红。在如今物欲横流的社会，这个词承载了很多年轻人的理想与追求，过上平稳、安定的生活，有时间感受生活中的美好。

小确幸是怎样一种感觉呢？用一个成语来形容就是"心生欢喜"。描述得复杂一点，它有一股子甜柔、丰饶、温暖的感觉，好像有只看不见的神秘之手把一勺充满花香的蜂蜜洒在心头，可以清晰地感受到它流淌、漫溢、消失。每一次"小确幸"的持续时间3秒钟至3分钟不等。当然，它不是凭空蒸发掉了，而是深入浸润了我们的生命，丰盛了我们的生活。

当我们活在当下，用心感受时，才能体验到微小而确实的幸福。

吴晓梅是个心思细腻的女孩，很小的一件事都会让她感动半天。比如，吃碗面微信付账便宜了两三毛；走在街上有人夸她漂亮；买洗面乳还赠送洗发水……总之，经常能听到她用夸张到发嗲的声音惊呼：天呐，真是太幸福了！

而对于旅行，她也能找到属于自己的"小确幸"。她不追随千篇一律的旅游攻略，在承德时大早上她跟着当地的老爷爷去避暑山庄锻炼身体；在热河边上吃着驴肉火烧唱着歌；在北京避开永远拥堵的一号线去798闲逛，只是为了亲自闻一闻唐卡的气味；在青岛时没有跟所有人一样吃着辣炒蛤蜊喝着青岛啤酒，而是喝着青岛啤酒就着流亭猪蹄感受栈桥的海风清凉；去长白山旅游，她不是为了去看天池，只是想去延吉吃一碗正宗金达莱冷面……吃跟别人不一样的，却滋味难得的美食，是她最满足的"小确幸"。

还有一次，因为需要找一些视频资料，吴晓梅浏览了很多视频网站。在一个从没听说过的小网站，她无意中发现了一部很老的动画片，那是她小时候最爱看的一部，只是最后几集没能看完，成了她人生中一个小小的遗憾。没想到这次意外之下，竟然重新把它翻了出来。吴晓梅当即放下手中的事，就那么津津有味地看了起来，晚饭都忘了吃。

她就是这样一个人，无论是与家人一起拉家常，还是和朋友一起逛街、旅行，甚至，哪怕是一个人呆呆地看着天空，她总能找到让自己幸福满满的因素。

生活就像一条河流，时而涓涓细流、婉转萦回；时而波涛汹涌、奔腾不止。而"小确幸"正是以一种轻盈而善意的姿态提醒我们屏息、驻足、回眸、观赏。让我们放开自己的感官体验，沉浸在熟悉的美好气息里，沐浴在清风暖阳中，心无旁骛地把每一个美好的瞬间镌刻成足以照亮余生的永恒。

发现、运用、创造是"小确幸"的三部曲，完成了这三部曲的我们一定能收获有趣的一生。

微小而确实的幸福——小确幸。那些微小的细节使我们愉悦，使我们感到幸福。发现、运用、创造是"小确幸"三部曲，完成了这三部曲的我们一定能收获有趣的一生。

有人说"小确幸"是消极的，说关注"小确幸"就是在逃避现实。这种说法并没有看到"小确幸"的积极意义，如果我们运用好"小确幸"，它可以鼓励我们不断前进。生活的起伏必定影响着人们的心情，感受着"小确幸"，让它提醒我们生活依旧是美好的、有意义的，仍然有很多人关心着我们。有了这些动力，我们才能重整旗鼓，从摔倒的地方爬起来，继续前进。

我们所发现和运用的小确幸往往是别人带给我们的，如果我们能将小确幸带给别人，我们就是在创造小确幸。在口渴的时候有人递给你一杯水，他带给你小确幸；接电话的时候发现电话的那头就是你想呼叫的人，他带给你小确幸；某一次你可以把水递给刚打完球的同学，你带给他小确幸；你可以给许久不联系的好朋友打个电话，给他带来小确幸；你也可以……你能做得太多了！如果每个人都把小确幸带给身边的人？不随地扔垃圾——给环卫工人带来小确幸；企业诚信经营，制作美好精致的产品——给消费者带来小确幸。许许多多的小确幸汇聚在一起，这样的生活应该很幸福更有趣！

小确幸练习的重点就是——每天给自己设计一个幸福。

一开始这个能力比较弱，你会发现可能还没有你偶遇的幸福好。但是一段时间之后，你会发现自己已成为一个幸福的设计师，而不是偶遇者。

下面是被验证过的，的确可以"通过练习提高幸福感"的小确幸：

他们都是小的（不需要付出太多努力的），确定的（已经被科学实验证实过的）和幸福的。

比如：表达感恩；培养乐观心态；停止多虑；助人；培养一段关系；面对困难学习解决方案；为某个真实目标奋斗；学会原谅他人；找到让自己全身心投入的事；享受生活之美；有信仰或精神依托；锻炼身体。

微小而又确切的幸福随处可见，只要我们热爱生活，用心体验，它就在我们生活的每一个角落。

9. 舍得犒赏自己，因为你值得这样的犒赏

面对日益繁重的工作，你是不是"压力山大"，想要放松一下，或者犒劳一下自己。问题来了，我们该怎么犒劳自己呢？

当然，这种犒劳自己的方式因人而异，你可以去泡个澡或做个 SPA，让身体放松下来，也给自己的精神减减压；可以把孩子交给父母照顾，使自己拥有清净的休息时间，做自己喜欢的事情；可以穿上最新款的球鞋，和好朋友一起去打球，谈天说地；可以自己去旅游，享受轻松惬意的海边度假时光……每一个人爱自己的方式都是不同的，有的是爱惜自己的身体，关注身体健康；有的更注重从朋友那里获得滋养，从他人的情感链接中获得自爱的感觉；有的人需要独处以及心灵空间上的富余。

真喜欢一样东西，就买吧！用不着为了省钱，因为你值得这样的犒赏。

不用把日子过得紧巴巴的，当然了，我们不是提倡提前消费，在自己能力范围之内，喜欢上什么了，就买吧。好东西看上了就买，免得日后后悔，要舍得犒赏自己。

茉莉喜欢送自己贵重的礼物。前年，她在自己生日的时候，送给自己一块近万元的浪琴手表作为生日礼物。她戴着手表的样子就像一个小孩般天真烂漫，在朋友面前肆无忌惮地炫耀，告诉她们说：最好的礼物要送给自己。

面对她买奢侈品送自己的行为，当时的朋友们自动分化成

两派，双方持不同的观点。一方认为没有男人爱的女人，以送自己最想要的昂贵礼物自娱自乐，真够可怜和悲惨的；另一方则认为能够靠自己满足自己的心愿，将最好的礼物送给自己，真是潇洒和令人惊叹。大家虽然观点有差异，但是肯定的是每一个人都对其行为嫉妒羡慕恨，毕竟女人们爱比较，女人们都无法拒绝好东西。

茉莉送自己浪琴手表，就好像美剧《欲望都市》中的 Samantha，当爱人将 Samantha 日思夜想的钻戒戴到她的手上，欣喜之外，她更希望钻戒是自己送给自己的。Samantha 是个怎样的女人呢？这个女人，她拥有自己的公关公司，收入不错，独立坚强，我行我素，她自己买房子，买最好的礼物送给自己，大胆享受自己的生活。《欲望都市》电影版中有一幕，她参加一个拍卖会，要给自己买一个珠花钻戒，她报出了 5 万美金的拍卖价格，并对朋友说："I work hard，I deserve it"。（我努力工作，这是我应得的）

Samantha 这样自我争取与自我满足的生活姿态，值得我们学习效仿。要想做 Samantha 这样一个将最好的礼物送给自己的女人，不仅仅要有挣钱的能力，内心也要很强大，要达到那种理直气壮地说 I deserve it（我值得）的境界。Samantha 已经达到了爱自己的至高境界，因此她能够对爱的男人说："I love you too，But I love me more.（我也爱你，但是我更爱我自己。）"

有些人在为自己花钱方面是有障碍的、困难的，他们也许收入很丰厚，但是却舍不得为自己花钱。

美莎总是向同事抱怨自己工资不够用的问题。她月收入7000 多元，可是每个月钱都不够用，因为她每个月都给父母买东西，给哥哥和妹妹买东西，甚至还经常给哥哥的女朋友买礼物，而且所买的东西都价格不菲。

她说，她很少给自己买东西，真要买，她也只给自己买比较便宜的东西。她说给自己买的东西如果贵了，会有一种罪恶感。

她从小接受的教育就是"好东西不能独享""好东西要让给别人""给自己买的东西不能是最好的"诸如此类。小时候，妈妈也是如此教育我们的。自家地里种的瓜果，要送一些给邻居尝尝，挑最好的给别人，留下不好的给自己。这样的教育会给孩子灌输"我不值得拥有最好的"这一认知，孩子长大以后就算享受了好东西，也会有一种罪恶感。还被灌输要牺牲和奉献，要优先照顾他人。

于是，爱自己似乎变成一件自私又羞耻的事，自己赚来的钱也不能理直气壮地花在自己身上。

给自己送礼物的女人，她们努力工作，自己挣钱也洒脱地花钱，并将钱花在自己身上：给自己买鲜花、送自己钻戒、给自己买高品质的生活用品、带着自己出国旅行、让自己接受更多的培训和再教育……我们不是鼓吹物欲和过度消费，我们只是觉得女人愿意为自己花钱，送自己礼物，是爱自己，让自己快乐的方式，也是独立自主的表现。

培养些小小的好习惯，让你的东西都保持自己最喜欢的状态，活得更加积极主动，充满生命的能量。

你使用的物品会反映或改变你自身，在条件允许的情况下，一个人试着使用高于自己形象的物品，可以提高潜意识里的自我形象，从而达成真正的提升自己，获得改变和自信。除了物化的馈赠满足自己，爱自己还需要内化的修养，如多读读书。

所以女人要给自己买一些昂贵的礼物，那是一种爱自己的仪式。是对自己的珍视、宠爱和犒赏，也是给自己一个期许，相信自己值得拥有最好的。送自己礼物的女人不仅懂得满足自己、爱自己，她们的内心也会觉得自己值得拥有这些美好的事物，在享受它们的过程中，自信、自爱与自尊会进一步提升，活得更加积极主动，充满正能量。

（1）做一些可以提升气质的事情

在周末的时候学习某样舞蹈；每周三次去瑜伽馆练瑜伽；学着画油画；每个月学会一首简单的钢琴曲；有时间就出去外面的世界看看……

可可·香奈尔曾经说过：20岁的时候，你拥有的是自然生长的容颜；30岁的时候，生活的经历使你的容颜有了个人的印记；50岁的时候，你生命的全部都写在你的脸上。

美貌会随着年岁而衰减，而气质却会剧增。当20年、30年以后，优雅的气质会为你加分。

（2）床买大一点

可以横着睡；枕头要两个，枕一个，抱一个。

（3）床头放本好书

睡前把看韩剧的时间拿来看书，每天就算看一小时，累积下来一年也能读完十来本书。但是你能从中获得的，却远远不止这些。

（4）床上用品一定要品质好的

一生中有三分之一的时间是在床上度过的，怎么能买便宜货委屈自己呢？我们家的床单没有绚丽的花纹，但一定是1800

针的埃及棉，虽然不便宜，但是它给予我们的舒适感是其他材质无法匹敌的。比纯棉更细腻，比丝绸更温柔。每次睡觉都是享受，我想这才是精致的精髓所在。

（5）办公室备一件厚外套和一把伞

冷的时候、下雨的时候，不会狼狈不堪。

（6）精简你的衣橱

静下心来看看你的衣橱，其实你并不需要这么多的衣服。要学着为衣橱做减法，太时髦的、小了穿不下的、商店打折冲动购入从未穿过一次的，统统扔掉！你真正需要的是一些百搭、质量过硬、能够反复穿搭的经典款。

（7）买些好吃的

人越少则冰箱要越大。精神空虚，用多样性的健康食物（高蛋白、多纤维、低脂肪、少热量）填充。

（8）别人看不见的地方也不能随随便便

判断一个女人是否真的精致，不是看她的衣服多贵、手包是哪家的新品、开的是什么车……而是看她生活的细节：护手霜是不是包包里的常备品、内衣是不是随便买买的便宜货，沐浴乳、洗发精是不是超市里买一送二的打折货……越是别人看不见的地方，越能看出一个人是否真的精致。

（9）参加各种场合的衣服至少备有一套

每个女人都应该有一件晚礼服，作为你出席某些必定场合的服装。颜色不知道怎么选？那就选绝对不会出错的黑色！剪裁选干净利落的，可以穿好几年。另外就是：要注意保持身材，这才是衣服能穿好几年的根本。学会用针或者是小型缝纫机，懂得自己缝补和修改衣服。

10. 有换一种生活方式的勇气

大多数情况下，到了某个时刻——对于我们中的大多数人在社会的压力下，会寻找各自的轨迹。有的突然就结了婚；有的读起了博士；有的进了银行，开始在微博上吐槽起自己的职场生活；有的做起了生意；有的则依旧在旅行……

然而我们选择这些不同的生活方式，并不一定适合我们。比如你可能并不想为了赚钱而那么拼命；不想早早结婚；不想熬通宵，改方案；你可能也不想每天早上9点多起床，每天晚上3点多睡觉；没有四处的旅行，没有时间去看风景。为了生活而苦恼不已，这也许是你迷失于自己想要的。

人生苦短，按照喜欢的样子去活。

雪莉上大学的时候很用功，基本不翘课，一周还能打三份工。其中的一份工作会占据她大量的时间，从下午4点出校工作，要一直工作到第二天凌晨4点回来，有时候甚至要工作15个小时。在其他空余的时间里，她也会去餐厅打工，朋友们都劝她别这么拼命。

雪莉就是这样一副女强人的态势，不光打工，考研、社团活动、晚会主持，哪儿都有她的身影。她自己也说着不会那么快想要稳定下来，然而大学毕业后这个一直说着不想结婚的人，却第一个结了婚。

同学聚会的时候，有人问她曾经那么拼，现在放弃了那些会不会觉得可惜。她说了一句很玄乎的话：其实这就是属于我的人生，以前我不喜欢相夫教子的生活，不过度过一个很紧张、很奋斗的青春，我突然发现了平平淡淡才是真，平淡的生活方式才是我想要的。

生活方式，其实也就是一种生活习惯。习惯是个很可怕的东西，它让你只是一味地活在自己熟悉的那个圈子里。就像行星绕轨道一样，被吸住了，很难摆脱。而只有冲破了这个束缚，才能获得自由，获得属于自己的生存方式和乐趣。

同样你也可能掉进另一个束缚的深渊，其实人生就是在这束缚与冲破之间不断周旋，用尽一生去寻找属于自己的存在方式到底是怎样的。

莫忘少年心，也许只是改变一种生活方式。

他是画家、是雕塑家，还是大学老师。

但在人生最辉煌时，他却放弃了这一切，归隐于贵州大山。

隐居大山 20 年，他干了一件极其疯狂的事，重建消失了两千年的夜郎古国。

很多人说他是疯子。而他却说："我只是想守护一份被历史湮没的记忆。"

每天清晨，贵州斗篷山下总有一位老者，仙风道骨一般行走于山风茂林间。随他的脚步穿密林幽径，循溪流望去，你会陡然一惊。一个奇异城堡巍然屹立于山间，四处尽是夸张的人形石柱。

这个神秘的石头城堡，就是老者用整整 20 年缔造的传说中的"夜郎王国"。老者叫宋培伦，本是画家、雕塑家、大学老师，但现在他自称：花溪夜郎谷谷主。

1995 年，宋培伦游访美国。在参观总统山时，全身一震。

震撼他的不是四尊总统头像。而是总统像对面的那匹"疯马"。印第安人克扎克一家三代，为了纪念民族英雄"疯马"，决定用一座山来雕刻"疯马"。60 年过去，才仅仅雕完一个马头。

面对克扎克，老宋觉得羞愧。那一夜，他失眠了："你知道吗，你喜欢的傩文化快灭了？"

"你还敢说自己喜欢，你为它做过什么？你是不是忘了，你出生于夜郎故地？成长于夜郎的你，可为夜郎做过什么？"老宋在心里一遍一遍诘问着自己。半夜，他一挥拳头，决定："回贵州，以傩文化为基础，重建夜郎古国。"

为此，他放弃了美国绿卡，辞去了大学老师职务，拒绝了所有商业项目，回到夜郎古国旧地贵州花溪，穷尽毕生积蓄流转了 300 亩山林，并将此处命名为"夜郎谷"。

他决定倾尽后半生，在这里缔造一件传世之作。

他时常感慨，如果当年贪念更多收入，就不会有今天这片清静之地。

这个世界上有太多富足或贫穷、敏锐或迟钝、深具魅力或眼界贫瘠的存活者，却很少能见到一个真正意义上简单快乐的人。我们习惯被世俗贴上诸多标签，在日复一日的现实齿轮中逐渐背负起成年人的利弊抉择、默认平庸、或过分鸡血，并从中试图获得成就感。但往往在这追逐利益的紧张情绪下，容易丢失本来的自我。

虽说能知道自己想要的不容易，但是一旦找到了自己喜欢的，就不要再为了那些所谓的标签而缩头缩脚，要勇于改变自己，关键是如何生活。

怀着一颗勇敢的心，改变一下你的生活环境。

无论是以何种形式去反思和改造身边的小天地，是幸运的。而想要让自己变得有趣，就需要通过对外界不同情形下的不同感知，来提高主观判断力，顺便修缮规整自己的生活方式才是最要紧的。为此，你可以试试以下的方法：

（1）掌控自己的生活

生活中每个人都是自己青春圆规底端的那根针，无论野心膨胀多大，想要张开的半径有多宽，最终都还是要以完整圈成的那一个圆来评判价值。有的圆很大，所能支撑充斥的颜色元素自然显得丰盈满裕；有的圆很小，能容纳起人心的情绪和思想却同样不容小觑。所以无论你是前者还是后者，便都算那个圆的主人，画多大的圆要自己做主。

（2）不要被金钱和物质束缚住，好的生活，不一定非要价格昂贵

适意和诗意都很重要，没有五花马千金裘的豪气，可以试试手倦抛书午梦长的小憩；没有停车坐爱枫林晚的浪荡足迹，可以腾出闲敲棋子落灯花的片段安逸。从古至今，我们每个人的生活环境与状态都完全不同，好的生活归纳起来总是相似，但其背后优秀的、满怀个性的、特殊的生活方式却各有精湛见地。无论是热衷一饭一菜，还是渴望驰骋星洲大地。

（3）别被任何环境安排你的生活，跟着自己的节奏来，就很舒服

为什么觉得很煎熬？为什么会走上现在这条路？你对着镜子问问自己，有没有勇气改变你现在的境遇。下定决心，就不要抱怨，有的时候一条路开始了就不要回头，不为别的，只为

那开始时的勇气。

我们都在按自己的方式活着，也许看起来过得很有意义，也许看起来过得毫无意义；也许看起来过得很安稳，也许看起来过得不靠谱；也许你因为喜欢旅行而被别人贴上富二代的标签；也许你因为感情而放弃工作被别人贴上傻子的标签。然而这都是我们自己的生活方式，你已经为了你想要的生活去赌了，就不要再去打听这条路会走多久，更不要在乎别人给你贴的标签。

我们的生活标签是什么？我们所谓的存在方式是什么？你自己去定义。要知道来到这个世界上，你就没办法活着回去。你和别人的不同，就在于你怎么活。没错，你身上一定有发光的东西，那是你自己的节奏，那是你与众不同的东西。那是你的路，必须你自己走，才能找到出口。

（4）满怀信心，拥抱未来

亲爱的朋友，在给自己一个交代之前，在还没有彻底甘心之前，不要对生活妥协，请继续努力下去，直到有一天我们能够以自己的力量平稳地站在大地上。改变的力量是属于你自己的，不必害怕它消失。

第八章

天马行空的想象力，创造妙趣横生的生活

1. 当我们不再好奇，就变成了无聊的大人

人的一生中，儿童阶段的好奇心是最强烈的，这会促使我们观察、了解和感受周围的世界。好奇心源于生物的本能，是自然进化的结果，目的是为了适应环境学会生存。

当然，好奇心不是恒定的。随着年龄的增长，好奇心会逐渐减弱，我们对外界事物会逐渐失去兴趣，变得麻木和平和，这样的状态可称之为"等死模式"。一旦进入这种模式，我们也就变成了无聊的大人。

严酷的竞争环境和平淡的生活都能让我们失去好奇心，陷入痛苦和无聊的魔咒不能自拔。

李浩修是个求知欲很强的少年，中学的时候他会早起朗诵诗集、散文，随手翻开《古文观止》的某篇开始背诵。还会参加各种学科活动、竞赛、创办社团、排练节目。

他考进了最好的高中，然后出国。

他喜欢尼采、鲁迅和圣埃克絮佩里。他总觉得这世界太大，人类未知的太多，而对真理的追求也遥遥无期，但对未来充满着希望。

然而可怕的是，毕业后，他什么事都激动不起来了。工作如此、生活如此、爱情如此。因为什么都固定了，都从激情中慢慢变平淡了，天天重复着一样的日子，让他很烦。

他放弃了对真理的追求、对知识的尊重，变得无所谓起来，没有从前对大自然的好奇心，失去了对自由的强烈渴望。

没事的时候他只会逛逛知乎、贴吧，接受一些碎片化的信息，却依然每日每夜振振有词、沾沾自喜。其实他已然失去了对人生的思考，渐渐充斥了戾气，让别人无法认同接受，甚至自己也难以容忍。他渐渐成了愤世嫉俗的人，不知道从前那个充满活力，让任何人都能快速接受并承认的、身边所有人都无比爱戴的那个小伙子到哪儿去了？

对于人来说，求知欲往往来自好奇心，因为这个世界有那么多美好、精彩、奇异的地方需要我们去发现和探索，而这些体验则会让我们的思想变得更丰富、更易于被感动，进而充分享受生命的快乐和价值。

一个人经过十几年的填鸭式教育，能保持好奇心已经殊为不易。等到好不容易从大学毕业后，还要面对严酷的竞争环境。这时的学习已经完全变成了功利化的谋生手段，知识被分为有用的和没用的，能赚钱的是有用的，不能赚钱的则是没用的。人们追逐物质享受和感官刺激，认为这才是真正的快乐，但这种快乐来得快去也快。人们没有钱的时候痛苦，有了钱后则变得空虚；没钱的时候把时间都用在赚钱上，赚钱以后则尽情地挥霍来打发时间。人就彻底的物化了，从此陷入痛苦和无聊的魔咒不能自拔，或许我们该把这种现象称为人类的"返祖"现象。

读书是好奇心的源头活水。我们要保持学习的心态，拒绝做无聊的大人。

日剧《女王的教室》中有一个片段，被专门截成八分多钟的视频，并冠上了"日本美女教师是怎样教育孩子读书的"的标题，每隔一段时间，就会在网络中流传起来。

片中，在气氛有些凌厉的六年级3班教室里，女生进藤光单刀直入，向高冷的"恶魔"女教师阿久津真矢质疑"我们为什么要读书"。而且还提出"既然真矢老师都说过不管怎么学习，就算进了好的大学、好的公司，也没有任何意义，那我们为什么非要读书不可？"的疑问。

真矢老师面不改色，高冷却实在地向学生们揭示了读书的意义所在：读书不是非做不可的事，而是想要去做的事。今后你们会碰到很多很多你们不知道的不能理解的事情，也会碰到很多你们觉得美好的、开心的、不可思议的事物。这个时候作为一个人自然想了解更多、学习更多。失去好奇心和求知欲的人，不能称为人，连畜生都不如。

连自己生存的这个世界都不想了解，还能做什么呢？不论如何学习，只要人活着，就有很多不懂的东西。这个世界上有很多大人，好像什么都懂的样子，那都是骗人的。进了好大学也好，进了好公司也好，如果有活到老学到老的想法，那就有无限的可能性。失去好奇心的那一瞬间，人就死了。

真矢揭示出驱使人们读书的背后原动力不是其他，而是"好奇心"。生而为人，与动物之别即在于此。读书是因为我们对自身所处的世界充满了好奇心与求知欲，在其驱使下由内到外的主观能动的行为。真矢的"不管怎么学习，就算进了好的大学、好的公司，也没有任何意义"的论调很现实地揭露了现状：很多人长大了，但又失去了好奇心。

　　我们以为年龄和阅历就能代表权威，进而在生活与工作中日复一日地进行着复制、粘贴。好奇心去了哪里？或许被"我什么都懂"给殖民了。读书，想要去读书，至少说明好奇心还鲜活，至少不是眼中无光的比牲畜还不如的行尸走肉。读书不是为了考试，读书也不能直接提现，读书可以成为一个更好的自己、一个更为独立的个体。

　　同样地，法国哲学家福柯也同样阐述了好奇心对于他本人的非凡意义："至于说是什么激发着我，这个问题很简单。答案就是好奇心，这是指任何情况下都值得我们带一点固执地听从其驱使的好奇心。"他不仅好奇自身所处的外在世界，也好奇内在的自己。所以，好奇心激发、驱使他去超越自我。

　　福柯和真矢的观点不谋而合。"我们为什么要读书"已不仅仅是读书本身，更重要的是读书是一个不断发自我发现、自我发展、自我超越的体现。

　　"好奇心"是一个具有哲学意味的虚无的词语，它和读书的关系相互源生。好奇心驱使人们去读书，而读书又会成为好奇心的源头活水。

　　人生而不同，好奇心能让我们保持这种"不同"而避免被"同化"，不是鹦鹉学舌式的人云亦云，也不是因复制他人幸福而唯唯诺诺。

年纪轻轻却已经失去了好奇心该怎么办？

首先要在思想上承认自己的渺小，提升对自我的认知，认识到这个世界上还有很多你未曾了解和接触的事物。然后找到自身的兴趣点，不断学习和探索，越往前走才越能看到不同的东西。当然保持好奇心的方法有很多，而且每个人自己的情况也都不一样。可以具体参考以下几条：

（1）做那些自己感兴趣的事情

如果很无聊却又不得不做，说服自己它很有趣，如果还不行，那就努力让它变得有趣。为自己想要的事情而努力，而非被别人逼迫的努力；如果不得不做却又对自己毫无意义，找到它的意义所在，如果还不行，那就努力创造出意义。保持开放的思想，不要提前假设我已经懂了，我所知道的一切都是暂时的。

（2）更新思维模式

保持"成长型"的思维模式。乔布斯就有一个很好的"不同思维"，在面对 IBM 这样的大公司在计算机领域的霸主地位时，乔布斯的心智模式是我要与你不同。长期以来，IBM 的座右铭是创始人沃森提出的"Think"（思考），这就是 ThinkPad 名称的来源。1997 年，当乔布斯重返苹果时，公司正处于低谷。他花重金为苹果设计了一个划时代的广告，在展示出包括爱因斯坦、爱迪生、毕加索等杰出人物之后，推出的最后广告词是"Think different"，就是"不同思维"。

（3）保持怀疑的精神，不去相信自己没有真正理解的东西

这个世界把如此多瑰丽的奇迹和神秘的现象呈现在我们眼

前，我们视而不见、不去探究的唯一原因就是习以为常。就像是有些人对你的好会被忽视，因为习惯了，于是没有了新鲜感，于是厌倦了。其实不该这样，就像在旧工作中找到激情、在伴侣身上看到新的优点，我们认为一件事物或者人无趣，没有探究的动力。往往不是对方浅薄，而是我们没有发现魅力的眼睛，我们想当然地以为它就是那个样子。

当一个东西以你以为的样子被呈现，你就以为你看到了全部，所以失去了好奇和探索的欲望。其实你错了，所有人和事物都可以是宝库，甚至是唤醒记忆和想象力的缪斯，是我们的自大让我们失去那些激情。而不丢失好奇心的方法，就是不觉得自己看透了什么。

（4）对所有身边一草一木的欣喜和童心

可以多去大自然走走，比如清晨踩着露水去爬山，也算作旅游；乡间路上两边都是田地，你可看一眼密密麻麻的水稻，以及几只飞过来歇在水稻上的蜻蜓；路过河边，捡几块薄石，在河面上打个水漂；扯一把草，扯碎了投在河里，然后就会有一群鱼争相夺食激起一片涟漪；走过熟人的家门口，热情地打个招呼，讨碗水喝；然后穿过竹林，耐下性子寻找几个竹甲虫，折去尖爪，玩厌了还能烤着吃，这不是很有趣吗！

2. 确保每个假期都过得与众不同

漫长的两个月假期，多么令人羡慕的大把好时光！你还宅在家里每天刷微博、玩游戏、混着知乎？你在参加年复一年的，其实自己都觉得没什么创意的社会实践？你每天睡到日上三竿？或者，你每天无所事事，虚度光阴？不要告诉我，你正陷在沙发上看第 N 遍的《西游记》或者《还珠格格》……

当你玩游戏的时候，有人正在东南亚的海边思考人生；当你睡到日上三竿的时候，有人已经陪伴山区里的孩子度过了一个愉快的上午；当你正在看尔康他们策马奔腾的时候，有人已经在真正的草原上策马奔腾……

人生有各种选择，而选择权在你。年轻人，行动起来，给自己的人生打开一扇有趣的窗，过一个与众不同的假期吧。

有计划的旅行，让你的假期乐趣满满。

人生就是一场旅行，度过了无聊的工作学习时间，有时间休息一下，旅游是一种很好的方法。读万卷书，不如行万里路，旅游会给你的世界观、人生观带来新的血液和活力，让你树立的志向更远大、历练的更多、学到的更好！

19 岁的杨远是个大一新生，他决定利用寒假时间来进行一些锻炼，杨远和一群同学计划着他们的海南单车行。

出发之前，他们从预订房间到整理机械装备，从研究天气预报到制定每日的行车路线，杨远都极其用心，确保每一个细节都没有偏差。

"这次旅行不只是为了提升我们的极限，也出于想寻找冒险。"杨远说。"它同样证明我们已经成年了，已经成为新一代的大学生。"

当同学们在空调房里无聊的时候，杨远和同学们身穿 T 恤短裤骑行在海南。他们这样骑行不仅减掉了秋季学期时囤积的体重，还增进了彼此间的友谊。杨远说："我们现在比以前更加了解彼此，甚至比共同生活几个月的舍友还要好。"

怎么才能使假期更有趣。

俗话说得好，"万事俱备，只欠东风"，顾名思义就是说什么都准备好了就等那个时间了。每当到假期的时候，总是让人充满了无数的憧憬，可是真正的度过假期的时候留下的感觉都是忙碌、劳累。怎么让自己有一个身心都得到充分休息的假期？试想一下你的假期是不是那样，在假期到来的时候你把基本的准备做好了没有，准备去什么地方？是通过旅行社还是自己，需要花费多少，怎样才能更节省？这看着是水到渠成的事情，都要提前考虑到，真的准备出发的时候我们才能轻松上阵。

每天给自己定一个目标，然后制定一个执行计划，比如什么时间玩什么时间学习。我们应根据家庭条件、自己的个性与爱好、社会及各方面的实际情况，做出适合自己的个性化安排，不要简单模仿别人。其中最重要的目标是获得放松，从而为下一阶段的学习和工作提供更充足的准备。在竞争日趋激烈的社会里，每个人都要首先学会休息、学会玩。

那么问题来了，怎么才能使假期更有趣呢？

（1）设置闹钟

研究显示：早起和定时起床的人，生活更加快乐也更加充实。另外别忘了好好吃顿早餐，健康的饮食可以增加你的能量。

（2）谱写罗曼史

春节是考验恋人关系的最佳时机，比如去旅行。某天这个念头出现在苏恩路和他女朋友的脑海里，当时他们正在谈论周末出游是否可行，苏恩路半开玩笑地表示，他们可以去法国。

他们先在网上做了一些调查，并且同身在那里的人交谈，之后他们决定冒险一试。为了准备出行，他们参阅法国历史书籍，并用基本的法语对话来做训练。

"这是我们在一起三年来最开心的时光之一"，现年22岁的苏恩路表示。

苏恩路认为，向自己父母各申请约1万元的资金支持是可行的。"我要抓住这次出行机会，"他表示。"今后有钱的时候，我可能没有时间去享受这样的旅行了。"

尽管他们二人之前没有出过国，但为了确保拿到签证，他们找到旅行社来处理他们的申请。除此之外，他们请求在法国留学的朋友作为联络人。为了尽可能节省在国外期间的开销，他们还安排了便宜的住处。

（3）下厨房

现在好多年轻人都很少下厨房……所以你要是会就是你的优点了。健身三分靠练七分靠吃，自己在家做些健康的简餐养好身体，才有精力假期后上战场应战。

（4）做义工旅行

现在的义工旅行总共可以分为两种模式：一种是国际的义工旅行（也叫国际志愿者）；一种是国内的义工旅行（也称为打工换宿）。

国际义工旅行项目一般需要付费参与，大约2000元到6000元不等，国内的义工旅行项目是免费参与的。

在国内，义工旅行也称为打工换宿，通常是指在青年旅舍或者客栈民宿中通过轻量级的工作换取旅行过程中免费的食宿，工作内容一般以前台、整理床铺、引导客人为主。

义工旅行本身是一件非常美好的事情，参与者可以以一个本地人的身份去获得更深入的体验。

（5）大学生可进行家教、做兼职，赚点小钱，贴补开支。

（6）在暑假的过程中救助一名孤儿；还可参加一些社会实践活动、学驾驶，增加知识储备。

（7）去农家乐，既可以体验农家风情，也可以放松心情，也是个不错的选择。

3. 定期组织或者参加一个主题聚会

人活在世上，必定有好些朋友，即使关系不是太亲密，但却有相聚的价值。所以，朋友常常聚会不仅是拉近情感的一种手段，也是我们扩展人际关系，丰富自己生活的必要。

但如果见面就是吃吃饭、喝喝酒、唱唱歌、蹦迪、搓麻将，是不是很无聊？那有什么有意思的娱乐方式？

那么，我们来看一下，那些有趣的主题聚会。

30岁的张安定和妻子、朋友等几个人，共同成立了一个叫作"青年志"的研究团队。

曾经，张安定的梦想是好好念书。他本来打算读到博士，有一天忽然感觉读书变成了职业，便不再继续了。回国后，张安定在国内一家知名的财经报纸做了两年的头版编辑。

长期接触社会科学让张安定对人非常感兴趣，尤其关注青年人和青年文化，在中国这一市场才刚起步。在研究这个领域上，张安定什么都没有，他只相信一条，自己想做最好的研究。

张安定属于"70后"的尾巴，在大学读书时，就是中国最早玩摇滚的青年之一。毕业之后，每隔两三年乐队都会相聚一次，去录音棚录音、制作唱片。在青年志，团队成员都各有各的爱好。张安定认为有爱好才会有对世界的好奇心、对青年文化的热忱，否则做出来的研究就会缺乏情感和深度。"文化呼吸"很重要，如果你和团队不长期在这个文化里呼吸，就没有办法研究年轻人。

在张安定看来，光靠理性是没办法跟年轻人沟通的，但拥有热情、梦想和年轻的价值观，就算自己到了40岁，也可以融入他们的世界。他曾经毫不客气地对客户说："你们之所以不理解年轻人，是因为从你们穿着西服走进办公楼那天开始，你的头脑里瞬间就忘掉了自己年轻时候的眼泪和热血。然后你们反而整天烦恼为什么年轻人那么难以理解，可这些都是你们当年经历过的啊！"

夏天的时候，在安定门内大街的柴棒胡同，青年志的团队找到了一个小院子，命名"青公馆"。不要 CBD，不要格子间，不要冷冰冰，不要拘束。传统公司有太多的封闭特征，他们相信"开放"——开放的物理空间，开放的研究机制。张安定将青年志工作的小院敞开，滑板玩家、旅行爱好者、公益达人……形形色色的年轻人开始陆续走进来，在青年志提供的这个小平台上展示着青春的可能性。青公馆虽然是青年志日常办公的地方，但是可以把它变成咖啡馆、展览馆、演出现场、party 举办地……任何一种空间都有可能。但必须保持开放性，交给那些想做事情的可爱年轻人自由使用。

"青年自主班"，就是想让年轻人自己做主，用青公馆这个地方，实现自己的各种想法。各种活动也让张安定见证了青年们的热情和创造力，青公馆的热闹和美好让人嫉妒。青公馆，因此拥有了年轻的心。

"青年叨叨营"是另一个小尝试。相信每件事物背后都有它的"密码"，这个密码便是它的意义所在。天气好的日子，青年志邀请年轻人一起来玩"说文解字"，以日常生活中的词汇或者现象为话题，通过一些有趣的游戏，一边玩一边共同寻找"密码"。有参加过的年轻朋友说，好久没动脑子了，来到青公馆，和大家一起说说笑笑动动脑子，真开心。

青年志邀请年轻人来青公馆，架起投影仪，图文并茂，听他们谈论和分享个人故事，更多明白了一个个具体的梦想、向往、困惑和迷惘。生活可以相互温暖，温暖会相互传播。就像黄油可以抹在面包上。一起来抹吧！这就是"黄油"青年会议的名字由来。"黄油"青年会议完全是非营利的，被张安定看作是商业之外、探索青年文化的一种尝试，到目前为止，已经举办了14期。每期会议结束后，发言者的视频都会被剪辑下来放到网上，分享给更多的青年人。

在这些梦想者和行动者中间，张安定发现很多年轻人渴望展示自己的创造力，但整个社会的文化生产机制里并没有他们的位置，他们需要的仅仅是资金上的一点支持。说唱歌手小老虎、独立漫画家雷磊、音乐人李星宇——这三个平均年龄25岁的好朋友就是张安定眼中这样的"创意年轻人"。三个年轻人成立了一个名叫"嘿!!!"的组合，但他们并没有出版的计划。"这么好的东西，我帮你们出。"张安定从青年志的商业利润中拿出一部分资金，帮他们制作了唱片《嘿! 流行音乐》。这是一件容纳了漫画、动画、文学和音乐的多媒体混合作品，多样的元素让音乐变得更加立体。

张安定说，我们在努力提供一个开放青年志平台，让品牌更了解年轻人。让商业的力量更有趣一些，更接近阿基米德想要的杠杆，而不是马克思所言的利润机器。同时，通过这个平台，在青公馆举行一些活动，去鼓励、去温暖更多的年轻人。让我们一起相信，在不确定的年代，唯一可以确定的，其实不是房子，不是看似安稳的职业，而是你自己，你内心的温度、你视野的高度，你对幸福和喜悦的最简单感知。

定期聚会好处多多。

定期聚会有种种好处：首先毫无疑问是增进了朋友之间的感情，大家聚在一起，嘘寒问暖，亲密无间；二是互通了信息，在一起互相交流自己知道的新闻、轶事，有时互相提醒一些要注意的事情；三是促进了学习，可以互相介绍一些创业的经验。不仅如此，我们还能通过聚会接触一些新鲜事物，学会一些新的技能。此外，和朋友一起动手做的小食品，会使我们感到十分幸福。那聚会应该注意哪些呢？

（1）确定一个目的

例如，是单纯地见面，还是增进友谊，或者是商业性质的聚会，其实都是聚会的目的。朋友的聚会大家不要觉得只是拉近关系，增进友谊。实际上，如果目的不明确，到了那里后，就会出现张说张，李说李的情况。

（2）选择合适的聚会主题

在聚会前，一定要把聚会的主题弄清楚，例如，聚会是KTV式的还是自助餐，或者是高尔夫球类等。这些全都要在事先准备好。不要在联系好了人后，才开始决定去哪里吃饭，去哪里喝酒，这就让聚会成为一种负担。

（3）明确聚会负责人

聚会，是需要有人来组织的，也就是这里所讲的负责人。负责人需要做的事情很多，必须是有权威的、大家相信的、有组织能力和领导能力的人，才能在聚会的时候，起到重要的作用。

（4）聚会的人员

聚会也是需要确定人员的，例如，朋友聚会，需要叫哪些朋友，或者是不是允许朋友带其他的朋友来，或者是不是可以允许朋友带家属来等。这些全要在聚会前考虑清楚，然后有针对性地进行合理的安排。

（5）聚会的过程

聚会的过程，也是需要事先安排的。例如，你们在聚会的时候，是先吃饭，还是先唱歌；先聚在一起聊天，还是去品茶。这个过程，一定要事先安排好。在聚会的时候，大家必须严格按照这个流程进行，不能东拉西扯。

（6）聚会的细节

对于聚会的细节，组织者和参与者都要注意了。细节是很重要的，既然参与了聚会，就不能有个人思想，要听从组织者的话。例如，打车、准备东西、道具，以及拎东西等细节，都要掌握好。

（7）聚会的费用

既然是聚会，就得有费用。记住，对于组织者来讲，要事先把费用的收取方式告诉大家，以便大家心中有数。如果愿意就来参加，如果不愿可以不用参加。所以聚会可以是单人请客式或者是集体 AA 制。事中先有人垫上，事后大家账目清楚，一一均分。

（8）聚会的气氛

在聚会中，难免有恩的聊恩，有仇的讲仇。所以，众口难调，在这种情况下，组织者要调和好气氛。例如，事先做一下功课，把一些关系好的放在一起，避免那些关系不好的放一起。关系不好的可以安排中间人进行调和，这样避免聚会中出事。

（9）聚会的游戏

如果仅仅是为了一个聚会，如果是唱歌吃饭的话，那么组织者要事先准备几个游戏，在聚会的过程中，让大家选择来玩。当然也可以现场征求一下大家的意见，选择几个游戏来玩。在游戏的过程中不仅能增进彼此的友情，也能让聚会打成欢乐的一片。

（10）聚会的安全

在聚会的时候，大家在路上往聚会处赶，组织者事先都要提前给来参加的人打好电话，让其注意安全。在聚会的过程中，更要注意安全，大家集体行动，不要在聚会的过程中，与他人发生口角。聚会有开车的，不要让其喝酒，以免聚会散场后再出现意外。

（11）聚会的地点

聚会的地点其实很重要，最好是事先和大家商量一下，找一个容易找，而且能调和大家口味以及感受的地方。或者是找一个意义非凡的地方，能够促进和谐友情的就好，休闲与浪漫并存最棒。

4. 有趣的人经常会犯一些最美丽的"错误"

你有没有发现，在职场和生活中，有这么一些人，我们把他们称为"没兴趣"一族。没兴趣一族好像从来就没有什么特别爱好，也没有什么特长，他们什么都一般般。工作上没兴趣一族也没有太多激情，工作了四五年，做的事情和以前差不多。如果你问他为什么，他会告诉你：工作不就这样，还能怎么样？

而另一些人，我们姑且把他们叫作"有趣"一族。好像对什么都很感兴趣，他们好像每天都刚刚出生一样兴致勃勃，充满好奇。在生活里他们也是样样精通：摄影、写作、跳舞、音乐、运动……这些人是上天的宠儿，又好像刚从韩剧里面走出来的男女主角一样，优秀得让人绝望。我们常常听人对"有趣一族"说，"你太牛了！你怎么什么都会？"

面对岔路时的选择，决定了你是"没兴趣一族"还是"有趣一族"。

上天为什么这么不公平，让一些人拥有用不完的精力和好奇心，什么都优秀。而另外一些人却对什么都不感兴趣，什么都做不好？也许下面这个故事会带你找到答案。

吕明和赵明飞是好朋友，他们周日去郊游，走到了一个没有路牌的三岔路口，只有一条能够到达想去的峡谷，另外两条就可能通往不知名的地方。现在是中午，时间还算充裕，食物和水也足够，这让他们陷入了犹豫之中。

赵明飞选择往前走试试看，他想即使走错路，也比待着强，他快步向前走去。在一个小时以后，他不得不退回来，重新回到起点。但是赵明飞很开心，他兴致勃勃地告诉吕明他在路上看到的美丽风景，也许下次他们可以往那边走。说完这一切，赵明飞又开始尝试第二条路，他一路唱着歌，蹦蹦跳跳走去。

吕明认为有 2/3 的机会走了也不会有收获的。如果没有确定的机会，还不如就在这里待着吧，也许会有认路的人经过，告诉确切的答案呢？吕明这就这样等到时间很晚了，然后他觉得自己不能不走了，可是万一走了是错路该怎么办？他慢慢吞吞地往前走，心里面一直想着迷路的种种状况……终于，在三小时后，他看到路的尽头被一条河流拦住。

"天，我早就应该想到的！没有搞清楚路就不要来！"吕明很沮丧一屁股坐在河边，他连回去的勇气都没有了……

赵明飞和吕明在一个月后的一次聚会上碰到了，赵明飞在给他们的朋友讲了他的一段"最奇妙的旅行经历"，吕明听出来，那就是他去过的那条河。"你瞎扯，那是一条错路，而且一点也不好玩，除了一条大河挡住路，什么也没有，没点意思。"吕明说。

"不会吧？"赵明飞说，"你没有看到河中间那些白鹭、那些莲花吗？那是我犯过的最美丽的错误。"

吕明耸耸肩："你这么一说……好像有吧，不过我对这个没有什么兴趣。"

这个故事里面的人，哪一个像你？

我们身边有"没兴趣一族"吕明们，又有"有趣一族"赵明飞们。赵明飞们总是兴致勃勃地投入一个又一个冒险，他们经历丰富，收获很多，当然失败也很多。吕明们则总是对什么都提不起兴趣，只有到不得不行动的时候，他们才被迫抱怨着去做，他们失败很少，也尝试得很少，因为他们觉得那个没有什么意思。

有些人总是会快乐和有激情，全情投入。他们在成功的时候收获到成果，在失败的时候收获到智慧，而不管什么时候，他们都会收获到过程中的快乐！那他们为什么不投入呢？他们有这样一个心智模式，投入是热爱生命的钥匙。什么是快乐？就是做事情既快又乐！

而"无趣"之人的模式是这样的：吊儿郎当的人永远找不到真正的兴趣！因为害怕努力了也没有收获，所以他们根本就不投入。不投入和低投入的人没有乐趣，也很难得获得成果，心灵和外界更是没有收获。他们不愿意面对这个事实，于是他们就对自己说："我没有什么兴趣。"——这总比对自己说"我的能力很糟糕。"要好。

当一个人对自己的生命开始用"不感兴趣"来搪塞，生命也开始对他不感兴趣了。这就是有趣之人的心灵和物质为何都收获多多，而无趣之人心灵和物质都贫乏的原因。

无趣之人，往往不是无能之人，而是无胆之人。

你为什么那么喜欢上网呢？

在这个鬼大学，除了上网还有什么可以做的？

听说你挺喜欢读书的，为什么不去读读书呢？

因为……因为图书馆太远了，不方便。

我听说网吧好像比图书馆远一点点哦。

哦，是……其实我也不是那么喜欢读书的。

那你还有什么兴趣呢？

我比较喜欢街舞。

原来是这样，我听说学校的街舞队的培训不错呢，很多外校学生都来这学，你为什么不去试试看？

街舞队我知道，不过每天晚上都练习太晚了，影响学习。

我听说你晚上经常上网到3点，好像比街舞晚一点吧。

……是的，其实我也不太喜欢街舞。

那你喜欢什么？

在这个鬼大学里面，除了上网，还有什么可以做的呢？

这是我与一个网瘾的大学生的对话。当一个人觉得面对新事物觉得无力投入，或者害怕投入了也做不好，他们就会表现出对新事物的漠不关心。

忙碌的丈夫对家务表现"不感兴趣"，往往是由于没有留出投入的时间，或者再怎么做也会被妻子数落；你的母亲对如何用电脑"不感兴趣"，也许是因为他们觉得自己用不好电脑，或者你让他们觉得他们太笨了；老人们对任何事情都"不感兴趣"，是因为他们觉得自己能力不足，或者怎么做都没有年轻人好；孩子对学习"不感兴趣"，往往是由于自己觉得没有学好的能力，或者再怎么努力也达不到父母的要求；毕业生对工作"不感兴趣"，其实是觉得自己没有能赚钱的本事，或者是害怕再怎么努力也达不到自己心里满意的目标；朋友说对爱情"不感兴趣"，其实是觉得自己不够好，或者害怕自己投入感情也会失败。

但是没有人愿意说我很害怕，因为他们骗自己说，我根本不感兴趣！

他们不是缺乏能力，也不缺乏机会，他们缺乏的只是投入，对未知结果的事情的投入！

无趣之人，往往不是无能之人，而是无胆之人。所以每天问问自己，你到底是没有兴趣，还是不敢有兴趣？

生命就好像镜子一样，有趣之人对生活保持着极高的投入度，全力拥抱生活，生活也全力拥抱他。无趣之人用"没兴趣"把自己和生命隔绝，所以生命也躲开他。

像没有人看一样跳舞；像不需要钱一样工作；像没有受过伤那样爱；像就要死那样活着。

带着关爱而不是期待投入生活，你会发现能力与乐趣接踵而来。

一件事情，带着关爱去做，不要想它能够带给你什么，这样你就会重新认识快乐、知识、金钱、朋友，等。然后你会发现这些东西，完全不一样了，你会从中感到兴趣。具体步骤如下：

首先，先将自我评价抛开，即对自己做的事情、操作、结果等不作任何的判断，不管是好的还是坏的。

其次，强迫自己去接触它，找到适当的方法，冷静地观察过程，观察结果，直到行为成为一种习惯。久而久之，就会养成习惯，之后就会找到快乐和自信，自然也就会感兴趣了。

刚开始刻意让自己不做判断，但还是不自觉地会做判断，这时需要保持一颗平常心，时间一长，你就会感受到那种平常心带来的好处，你就会慢慢习惯成自然。在实践中体验到心态平和带来的愉悦感与优越感。

简言之，请大家在每次要遇到挑战、或不对称性信息的博弈竞技时，在自己内心默念这句心法口诀：放下成败得失，全心享受过程。这句话的含义就是：先不要过于计较结果，先享受过程；先放下未来的不确定性，做你能做的事情。有时候事情就是这么奇妙，越不考虑结果，反而结果对你越有利。原因就是，你本身就具备一定能力、经验足以应付此事的。心态越放松，你的能力、经验就越容易发挥，甚至是超水平发挥，那好结果就是顺其自然的。

最后，要记住快乐和痛苦都是人生的财富，与其消极地逃避，不如勇敢面对。其实回忆是一种幸福，过去的事情可以不忘记，但一定要放一放；今后的事情可以再失败，但一定要搏一搏。

5. 老物件也可以焕发活力

生活中总是不缺一些破损的老物件，扔掉又实在可惜，毕竟用了多年已经有了感情。怎样才能赋予它们"第二次生命"，让它们发挥出新的作用呢？旧物改造就是一个不错的方法，它不仅可以帮助我们将废旧物品巧妙地利用起来，而且代表了一种健康环保的生活方式。

在一个有趣的人手中，每一件老物件都可以焕发活力。

美国人 Ben Wood，是上海新天地的总建筑师。在设计自己的家时，他完成了一次后现代艺术创作：几百块废弃的门牌号贴在墙上，像一幅风情画；照明灯选的是摄影师专用灯；客厅里还摆了一张有个大洞的餐桌……他说，"如果你活着，被丑陋包围，你会变得丑陋"。

Ben Wood 的家位于上海新天地附近的小区里，是一套复式的公寓。

在 Ben 看来，去宜家或者淘宝买现成的家具，是毫无想象力的行为。

他喜欢自己动手，改造属于自己的专属家具。

客厅的灯是一把摄影灯加摄影伞。既然摄影灯是最专业的照明灯，那么为什么不能直接做家用呢？

天花板上的照明灯也是摄影灯。"室内设计师绝对不会主动提出这样的建议，不然他们自己的灯具就无法推销了。"

厨房的墙饰也是自己拼贴的，全是回收的上海老路牌，像是一幅后现代图。

某一天 Ben 在上海弄堂里闲逛，偶然看到，就向收建筑垃圾的工人买了下来。每一个路牌，代表的不止是一个位置，更像是一段故事。

饭当然也要自己做。橱柜也是 Ben 自己找木头做的；消毒碗柜是内嵌的；餐具和调味料摆放得井井有条。

Ben 在没来中国之前，还做过 7 年的超音速战斗机飞行员，成为建筑师来到上海后，Ben 没有机会再驾驶飞机了。为此，Ben 收集了以前旧飞机的老部件做了一个飞行模拟器，命名为"Aviator NO. 1"，模拟飞行过全球 3300 个机场。

天气好的话，Ben 会在 Aviator 室外举行小型派对，和爱好者们一起交流，他想让中国的年轻人学会驾驶飞机，体会休闲飞行的乐趣。

机械化越发展，越让商品千篇一律、过于快餐化；种种速食、短暂的生活品质；大量生产毫无个性与生命的器物，那些塑胶、合成板、色彩俗丽与充满视觉暴力的种种商品，让人厌恶。而老物件发自最深沉、最质朴与最真实的事物本身的美，就显得弥足珍贵，我们只需要稍加改造，就可以让这些老物件焕发活力，发挥新的作用。

《交换空间》大家可能都看过，一个很棒的电视节目，在节目中常常会有比较环保节约的家庭装修方式，而旧物改造是其中很有趣的一个环节。生活中旧物改造不知道大家有没有动手制作过，而节目中旧物改造这个环节给了我们很多的惊喜。利用废旧的物品打造出让人惊喜的效果，节约了成本也锻炼了动手能力。这些旧物改造也引起了大家的兴趣，那都有哪些成功的旧物改造的案例呢？

（1）托盘铁盒告示板

出去旅游的门票、某个城市的地铁图，留下来时常看看都能勾起一片美好的回忆。冰箱上已经贴满了，别急，你自己也可以制作，不喜欢的托盘、装糖果的铁盒都能用。托盘里可以装饰上零碎的壁纸，避免太单调，摆在书桌一角非常有趣。

（2）用玻璃瓶展示相片

有人非常喜欢在家里摆上各式各样的照片，购买相框就是一大笔开支。食品的玻璃瓶包装、用旧的玻璃杯，不要扔掉，把它们的商标去掉，把照片塞进去，就是极好的照片展示工具。瓶子大小不一、形状各异，摆放在一起，更容易塑造整体效果。

（3）抽屉柜换新装

老式的抽屉柜，是20世纪80年代每个家庭的必备。几次搬家都舍不得扔，是因为它的确非常好用。无论是在厨房还是在玄关，多个抽屉更便于将零碎物品分类收起，找的时候也很容易。水曲柳的表面都开裂了，没关系，用白色木器漆整个涂刷；抽屉部分可以按照室内的色彩涂上喜欢的颜色，可以多用几种色彩，用来区分抽屉内部物品的类别。

（4）布头装饰花

鲜花容易凋谢，外面卖的假花又没有情趣。不妨自己动手，利用家里废弃的布头、毡子等，自己制作花朵造型的装饰。你不必追求造型多么逼真，越是歪歪扭扭、充满童趣，效果越好。拿给孩子当玩具，也很安全。至于特别小块的边角料，你可以发挥想象，制作一些头饰、项链装饰等。

（5）报纸一次性锅垫

锅垫和盘子垫非常容易弄脏，不论什么材质脏了之后都难清洗。干脆使用废旧的报纸，像叠纸鹤那样，先叠成若干个菱形块，然后用订书钉或者双面胶拼接在一起，就做成了一次性的锅垫和盘子垫；用塑料饮料瓶制成的餐具笼也可以用报纸装饰一下，把报纸搓成小卷，然后依次贴在瓶子上，最后用漂亮的绳子装饰一下即可。

（6）旧梯子改造成书架

旧木梯本身就是一件岁月气息浓郁的老物件，即使有一天无法承重、无法架高，也可以横置成为一个复古的装饰书架。

（7）旧浴缸沙发

把旧浴缸从中间锯成两半，底部装上支撑腿，做成浴缸沙发。再给浴缸配上创意的坐垫和靠背，就算去家居店也淘不来这样的良品。你是否惊讶于达人们的奇思妙想？

（8）旧铁桶床头柜

总以为生活中缺乏美，其实我们缺乏的是发现美的眼睛。废弃的铁皮垃圾桶可以通过一把螺丝刀变身为极具现代感的床头柜。

旧物改造项目中有不少让人惊叹的作品，这件事情本身也是充满创意的，如果你也喜欢动手旧物改造的话，不妨学习一下这些改造的案例吧。

6. 节日了，DIY 小礼物送人更有意义

最近，邓超和孙俪情人节出游，邓超晒出两人做 DIY 陶艺的照片。邓超称："呕心沥血，纯手工情人节礼物，一杯一碗，互赠之后，彩虹升起。"照片中，夫妻二人坐在工作室内，各自捧着自己的作品，露出微笑，羡煞旁人。

现在，喜欢 DIY 手工的人越来越多，大家都喜欢去学各种各样的手艺，比如陶艺、刺绣等等。这个 DIY 是 "Do It Yourself" 的英文缩写，简单来说，DIY 就是自己动手制作，是如今一种流行的生活方式。DIY 的理念是：源于自然，回归自然。令你放松身心，去感受我们身边一切美丽的事物。一般喜欢动手 DIY 的人，都是些具有创新意识，又很有生活情趣的人。

如今，我们的生活越来越丰富多彩，大家过节的时候，都喜欢互赠礼物。如果你能够像邓超夫妇一样 DIY 礼物互赠，一定很有意义吧。

虽说现成的东西哪都能买到，可这亲手做的就很难得。就像吃饭一样，各式各样的饭店供选择，只要有钱想吃什么都很容易。可是自己在家做的味道，那是有钱都买不到的温暖，即使是普通的家常菜，也显得很珍贵。

同理，送礼物不在于多贵重，重要的是送礼物的人是否用心去准备了。选择礼物的话，DIY 的更有意义。因为 DIY 的礼物不

但倾注了我们的心血，更能体现我们独特的品位和生活态度。

温馨的 DIY 爱心蛋糕。

李雷是个白领，他和女友关系很好，女友生日还有一个星期，他就已开始张罗了，想给女友一个惊喜的礼物。

说起给女生送礼物，李雷和很多男人第一想法一样，一定是：花！花！花！所以逐渐地，男人给女人送花似乎成了一种永不褪色的潮流，一种很文雅的求爱方式。李雷打算给女友订一大束玫瑰花，但是他认为送花又很普通，甚至"太俗""没创意""不浪漫"，这让他很是纠结。

从小到大，李雷都是一个超级喜欢手工的男孩。大概从初中开始亲朋好友过生日礼物，都是他自己动手做的，感觉既省钱又有意义。但是大学之后他就很少有空，这时，李雷的脑海突然冒出了一个想法，何不自己 DIY 一个礼物呢！

为了给女友一个大大的 surprise，他的小脑袋瓜已飞转了几天了。

在决定送女友礼物之前，李雷在网上百度了一下，女友家周边有一家 DIY 礼物制作店。

鉴于自己的女友是个吃货，他决定在女友生日那天陪她一起去 DIY 一个生日蛋糕。

生日那天他提前烤好了一个 8 寸的蛋糕，放到裱花台上。

然后把女友请来自己家，将蛋糕体从中间切开三块，抹上淡奶油。然后把苹果切丁后摆放到蛋糕上，放上另一块蛋糕，完成后盖上表面的蛋糕片。再将蛋糕都抹上淡奶油抹平，虽然他们抹了好长时间才成样子，但是这也让他们乐在其中。

最后他们用奶油霜裱玫瑰花，裱好之后用剪刀移到蛋糕体上，再点缀上绿色的叶子，边缘随意地装饰一下，简单而又充满爱意的生日蛋糕就诞生了。

两人共同体会亲自动手操作的乐趣，增加了他们的契合度，也为他们感情的发展增加一抹新的色彩。

一些不错的 DIY 礼物。

如果你没有上文中的李雷那么心灵手巧，你可以在网上找一款可以自制的，且女生喜欢的礼物模型，就像小时候老师让做的"小制作"。然后去市场购齐材料回家自己制作，给她个惊喜，这会更让女生开心。因为表达心意的方法除了钱还有时间，女生看到你愿意为她付出，也就能体会到了你对她的用心程度，这一点在女生心中是加分的。

下面是一些不错的 DIY 礼物：

（1）DIY 光影纸雕灯

纸雕灯也是最近几年比较火的手工品，虽然有很多成品灯，但是自己做更有意义。这种纸雕灯有四款主题：遇见、梦中白马、月下、童话，可以根据你与收礼人的关系确定图案。工具材料包虽然看起来很复杂，零基础雕刻其实也没问题，有详细的说明步骤，手快的人 6 到 8 个小时即可完成。如果时间比较充裕，可以早些准备制作，这样会更加注意小细节的处理。

纸张层层叠叠，要有那种透光性，材料包选择 160g 的特级画刊纸，能够更好地体现光影效果。刻刀垫板能够帮助新手们不费力不伤手地完成，比较复杂的图还有备份，弄坏了还能接着做。灯光有遥控开关和按钮开关两种，建议选择遥控型，功能比较全面。此外还有呼吸灯、定时、睡眠模式等，愿纸雕灯能陪伴她度过温暖的夜晚。

（2）"love"衍纸画材料包

衍纸也称卷纸，是一种纸艺，发源于18世纪的英国王室，是一种贵族间的艺术。现在这种高大上的艺术，你也可以做到。材料包里包含底图和纸条，还有专用的衍纸笔、胶水、玻璃珠针、镊子、锥子以及基础手册。当然这项艺术其实真的不简单，一开始做肯定会比较难，这是一项熟能生巧的活。

耐心一点、细致一点，就能做出很棒的成品。如果是给闺密或者朋友送礼物，还有羽毛图案、郁金香、蝴蝶花图案供选择。这里面制作需要遵循很多的原则，制作前一定要认真阅读，这样会更容易成功，效果也会更好。做成后作为礼物，可以再进行装裱，做成相框、展示框之类的，能够永久保存。

（3）手工皂DIY套餐

想要让朋友天天用上天然肥皂不？手工做的，加什么由自己决定，想要什么味道和效果，全靠自己DIY，完全没有添加剂，大家都会用着很放心。这个套餐里有模具、皂基、基础油、色素香精花瓣、试纸、自封袋等，工具很丰富，做出来的手工皂可以用试纸测试，7到9的数值最佳，不伤手才是好朋友。

如果想要做更高级的手工皂，精油、牛奶、蜂蜜等滋润圣品都可以往里面加，而制作过程有视频可以参考学习。送给他（她）纯天然的香皂，绝对不过敏，孕妇都可以用。一次可以成品很多，送给亲朋好友也是份不错的贴心小礼物。

（4）网上有卖DIY相册的，可以搜索一下，还有带音乐的那种。

（5）布织布做的钥匙链、娃娃什么的。

（6）把你们的照片做成拼图、日历什么的。

（7）动手做个立体贺卡也很好。

第九章

勇敢去体验，经历是有趣的养料

1. 人生是用来体验的

有趣的人往往都是有着丰富的生活经历，是有故事的人。让一个人成长、成熟的不是岁月，而是经历。经历得越多，越有可能智慧地看待生活，客观地看待自己和他人。

换句话说，人生是用来体验的，遇事勇敢点，不要太瞻前顾后。这个世界上绝大多数人的生活都是平平淡淡、波澜不惊的，而最大的原因是他们追求安逸与舒适，没有勇气去尝试新的事物。他们输不起，却又想过一种精彩的生活。殊不知风险和回报永远是成正比的，有趣的人没有一个不是勇敢的、敢作敢为的人。

人生是一个过程，努力去体验这世上的酸甜苦辣，才不枉此生。

人的一生，到底在追求什么？人生是一个过程，不是一个点，人生在于过程！生命在于每一天，而这每一天都是唯一的，不可复制。所以我们应该让自己的每一分钟、每一秒都成为美丽和快乐。

有一个寓言说，狐狸想穿过墙洞去吃院子里的葡萄。洞很小，只好在洞外斋戒 7 日，让身体瘦下来，钻过墙洞，吃到了葡萄。身体长胖了，想逃出洞，只好再斋戒 7 日，最终依然是一只瘦狐狸，不同的是，留下了葡萄香甜的滋味供以后回忆……

我们的生命是一种体验，一种对时光流逝过程的体验。在这个过程中，我们与生命同行、与智慧同在。体验生命与人生的过程，抑或是我们人生旅途上的唯一使命。

古时候有位国王让大臣们用一句话概括人生，有位大臣说：人，出生了，受苦了，又死了。是啊！人就是从生到死这么一个过程，人生最美好的就在于体验过程，而不必在乎结果。在人生的整个过程中，无论是顺利，还是坎坷；无论是甜蜜，还是劳苦，都是一道道风景。你都要走过、流过、穿过，好过你得过，难过你也得过，关键就在于会过！只要你总是努力去创造人生过程中最美好的东西，你就没有白过；就没有枉费和虚度人生；就会活得有情有趣，有滋有味。人生就是一个过程，做任何事情都是一个过程，人不一定能改变环境，但可以完善自己。既不要想一口吃个饼，也不要站着不动，总是耕耘，总要努力，好好地去体验人生过程，才会有好结果。

身体和大脑总要有一个在路上。

记得韩寒在《后会无期》中提到，你都没有观过世界，怎么会有世界观？一度受到热捧，尤其是文艺青年和旅行者，奉为名句引用。

一个人身体和头脑总有一个要在路上，走出去，游历各国，看遍名山大川、风土人情……在韩寒的公路电影里，我们一起上路，一路风光历险看世界。有人追星空、有人回归现实、有人成了作家。其实旅行游历找到自我，古来有之，李白壮游，有酒相伴，也有诗相伴，更因走遍名山大川，留下名作无数，同时也获得了"诗仙"称号。他那时的中国，和现在还不一样，如今的中国，更大更辽阔。如今有人还想要去月球上游一游，这都是看得见的，也许还有更多不常见的观世界吧。在探索与发现的电视节目中，洞穴历险、深海探寻、探索古墓等等……

最近有篇文章挺热，一个90岁的老人走遍世界，另一个52岁的人收集了100万份地图，你更想做哪位？

文章记录的是一位游船上的机械师，有机会走遍世界，然后默默地为自己留下胶片，这习惯延续到自己年老，最后留下了20小时的胶片，包含他的一生；还有一位是在老房子里发现的地图主人，他是一位营养师，他收藏的地图直接让洛杉矶市的地图收藏达到了全国前五。

如果让你我要选择走遍世界，还是收藏地图，我想大多数人都会选择去看看世界吧。收藏地图怎么能体验到走遍世界那样的真切感受和心潮澎湃呢。

人生是用来体验的，只有从这个角度上，才能摆正"我"与"人生"的位置。

既然"上帝"或"命运"造就了我，那我就应该好好看看我是来做什么的。我们是何其幸运啊，可以来到这里感知花草虫鱼、阳光、雪花；可以有爱人，可以看世界。这才明白了什么是感恩，深深地对生命的、对世界的感恩。

这样，我们再面对尘世，就不会有那么多的纠结、那么多的困惑与迷茫。当我们遇到不如意的事情的时候，我们要静静地观察与等待，看看事态将如何发展。但是，别忘了积极地投入属于我们的人生，那样，我们才能看到属于我们自己的美好，体验到我们应该体验的人生经历——痛苦、郁闷、孤单、喜悦和平爱。

可是，我的朋友们，你们可知，我是经历了怎样的煎熬，才悟出了如此简单的道理——人生就是用来体验的。

2. 去尝试，不要因为害怕失败而不去做

人生谁不曾有过梦想和追求？谁不曾希望、渴望成功呢？

遗憾的是成功一般不会轻易降临，红尘中几乎每个人都会或多或少经历失败、品尝失败的滋味。

这世上很多人都害怕失败，因为他们担心失败后会被人讥讽和嘲笑，担心别人会否定自己、轻视自己、藐视自己。很多人一旦经历了失败便会郁郁寡欢、停滞不前，由沮丧到颓废，甚至从此一蹶不振。

事实上，人生旅途中挫折和失败是在所难免的，谁的人生能永远一路阳光、一帆风顺呢？"宝剑锋从磨砺出，梅花香自苦寒来"，不经历风雨怎么见彩虹？没有辛勤的耕耘哪有累累的硕果？所以，请不要害怕失败，因为失败孕育着成功，失败乃成功之母。

怯懦的心理总会使自己想做的事情因为主观原因而得不到实现，从而也会使自己和成功擦肩而过。所以，不要害怕遭遇失败和尴尬。

赵文鹏貌不惊人，毕业于一所名不见经传的地方大专院校，可是在满满一屋子来自各名牌大学，有着硕士、博士头衔的应聘者中，他的表现却与众不同。

尽管赵文鹏很自信，可是面试官还是很快有经验地掂出了他的分量：他在专业能力方面还不足以担任这个职位，他的求职申请被拒绝了。于是，赵文鹏在得知自己已被淘汰出局后，脸上露出了一点儿失望和尴尬的神色。但是他并没有马上离开，而是起身对面试官说："请问你能否给我一张名片？"

面试官冷漠地看着他，从心底里对这种死缠烂打的求职者缺乏好感。

"虽然我无法成为贵公司的员工，但我们也许能够成为朋友。"他说。

"哦？你这么想？"

"任何朋友都是从陌生人开始的，如果有一天你找不到打网球的搭档，可以找我。"

面试官看了他一会儿后，掏出了名片。

面试官确实经常为找不到伴儿打网球而烦恼，后来他俩成了朋友。他了解到赵文鹏其实是个很靠谱的人，学习能力很强，所以最后赵文鹏被他破格录用了。

有一天，面试官问他："你不觉得你当时所提出的要求有点过分吗？要知道，你只是一个来找工作的人，你凭什么会那样说？如果我根本不理会你，那么你怎么下台？"

"其实人最怕的不是失败本身，而是失败以后的尴尬。很多人不敢去做一些本来也许可以做成的事，就是害怕丢脸。可是真正丢脸的不是失败，而是不敢想象失败，其实很多事情都是从尴尬开始的，包括交朋友。"

不要害怕尝试失败，失败也不代表人生就此完蛋，但不尝试就什么机会都没有。

有个人在一天晚上碰到一个神仙，这个神仙告诉他说，有大事要发生在他身上。他会有机会得到很大的一笔财富，在社会上获得尊贵的地位，并且还能娶到一个漂亮的老婆。这个人终其一生都在等待这个奇异的许诺，可是什么事也没发生。他百无聊赖地度过了他的一生，孤独地老死了。

当他死后，他又看见了那个神仙，他对神仙说："你说过要给我财富、很高的社会地位和漂亮的老婆，我等了一辈子，可什么也没有。"

神仙回答他："我没说过那种话。我只许诺过要给你机会得到财富、一个受人尊重的社会位置和一个漂亮的妻子，可是你让这些机会从你身边溜走了。"这个人困惑了，他说："我不清楚你的意思。"神仙回答道："你记得你曾经有一次想到一个好点子，可是你没有行动，因为你怕失败而不敢去尝试吗？"这个人点点头。

神仙继续说："因为你没有去行动，这个点子几年以后被另外一个人想到了，那个人一点也不害怕地去做了，他后来变成了全国最有钱的人。还有，你应该还记得，有一次发生了大地震，城里大半的房子都毁了，好几千人被困在倒塌的房子里。你有机会去帮忙拯救那些存活的人，可是你怕小偷会趁你不在家的时候，到你家里去偷东西，你以此作为借口，故意忽视那些需要你帮助的人，而只是守着自己的房子。"这个人不好意思地点点头。

神仙说："那是你去拯救几百个人的好机会，而那个机会可以使你在城里得到多大的尊崇和荣耀啊！"

"还有"，神仙继续说，"你记不记得有一个头发乌黑的漂亮女子，你曾经非常强烈地被她吸引，你从来不曾这么爱过一个女人，之后也没有再碰到过像她这么好的女人。可是你想她不可能会爱你，更不可能会答应跟你结婚，你因为害怕被谢绝，就让她从你身旁溜走了。"这个人又点点头，这次他流下了眼泪。

神仙说："亲爱的朋友啊，我说的就是她！她本来该是你的妻子，你们会有好几个漂亮的小孩，而且跟她在一起，你的人生将会有许许多多的快乐。"

这世界充满了无数的挫败，如果你没有好的出生环境，在大多数情况下你只能依赖自己，考上好学校、进入好的公司、跟着对的人磨炼，唯一可以确定的是，你一定会遭遇很多挫败。

人生本来就是由无数个挫败所组成的，有挫败才会有成功，你的人生不会因为一次挫败就完蛋，只有当你不再积极才是真完蛋了！

无论如何都要积极。

不论你现在的生活状况如何，都必须积极的行动，当你开始积极的行动时，你会发现生活中的问题越来越小，你越来越能够克服各种阻碍。人生的路都是自己走出来的。

（1）了解沉没成本

任何你已经付出的事情，再也无法取回，例如时间、金钱等等。一旦付出之后，即成为沉没成本。例如买了一张电影票，并且在无法退票的情况，无论你去不去看电影，都已经无法换回原本的金钱，此称为"沉没成本"。

在积极的过程中，你必须谨慎选择你的付出，时间无法回头，方向比努力更重要，所以要让自己的付出变得有价值。人生最令人遗憾的是莫过于走了大半辈子后，才发现前面做的都是自己不想做的事。

（2）把握时间、善用每一天

把握时间、善用每一天。你如何善用自己每一天的时间，将决定你是否能比别人更快脱颖而出。重要的不是明天，也不是今天，而是现在这个瞬间。若能领略这种感觉，每个人一定都能发挥惊人的力量。

（3）每个问题都是学习的机会

每个难题，都是一个伪装得很巧妙的机会。其实任何问题，常常都是自己成长的机会，因为问题本身就包含着成长的机会。因此，不要害怕问题，而是要勇于接受问题的挑战。

（4）致力于让自己更好

处于顺境很好，处于逆境也好。积极乐观看待自己的环境和境遇，不管任何时刻，不断努力、拼命工作才最重要。

你的人生不会因为一次挫败就完蛋，但你必须努力让自己更好、让自己更积极；你的人生只有当你不再努力、不再积极时，那才是真的完蛋。

（5）态度决定一切

一个人的信念将决定他的态度，而一个人的态度将决定他的高度。我们的生命会如何，态度决定了一切。一个人对生活的态度认真与否，决定了他的一生。

一个人如何思考，决定了自己的态度，积极思考会让你的人生变得更正向。人生有时候是一种正向与负向循环的结果，好的正向思考会让你越来越好，负面的想法却容易让你更加沮丧。

3. 多出去走走，才能遇见有趣的人和事

"有趣"，这是一个难以定义的词。而我们都渴望变得有趣，似乎枯燥和无聊就是致命的杀手。那么，还不赶快行动起来，趁着年轻，多出去走走看看。

读万卷书，不如行万里路；行万里路，不如阅人无数。跨过千山万水去找到知音，或者发现这么一群"有趣"的人岂不是人生乐事。然后再和那些"有趣"的人一起做"有趣"的事情，一起感受不一样的世界，树立不一样的世界观，就更有意义了。韩寒说得好，你连世界都没观过，哪来的世界观？这就是旅行的一大好处。

在远方遇见有趣的人和事。

安娜在过了二十年单调平淡而毫无波澜的生活之后，非常向往那种七彩斑斓、激情澎湃的生活，所以她选择了去欧洲游学两年。

在这两年里，她认识了很多有趣的人。从职业上来说，这些人里有畅销书作家；有皇室后裔；有著名钢琴家歌手；有为了工作多次行走在刀刃上的战地记者；有电影话剧演员；有商学院教授；有流利讲十几种语言的语言学者……这些人有的和

安娜成了好友；有的是无意中的邂逅，一起喝一杯下午茶。然后通过他们的职业和经历，安娜看到了每一个人不同的思维方式和个性，也发现了每一个领域都有各自奇妙的地方。

她还遇到过一些很疯狂的人，她的一个英国朋友曾经跑去亚洲，撕掉了自己的护照和所有的钱，然后过了两年不停地从一个国家被遣送到另一个国家的日子。当警察发现他，问他从哪里来？他会说一个他没去过的国家，然后警察会送他过去，并且继续过一分钱没有的生活。她结识了一个好朋友，这位朋友的父亲是考古学家，所以他的童年是少则几个月，多则一两年搬家去一个国家。五大洲四大洋都生活过，他的姐姐在埃及出生，弟弟在德国出生。本以为他有着让人向往的经历，该有一个幸福的童年才对。可是他却告诉安娜，他对童年的记忆只是不停地挥泪和小伙伴们告别，他说留不住自己爱的人才是最悲伤的。然后她突然发现每个人都有自己的痛苦和幸福……

她也会偶尔想起自己各种有趣的经历：曾经为了看一场正宗的佛拉明戈，一个人迷路在了午夜的塞维利亚；曾经在挪威北部的小岛自驾狗拉雪橇，由于哈士奇太过活跃，多次翻车掉进雪坑或者小溪，玩掉了半条命却觉得那么值得、那么开心；曾经走在卡萨布兰卡的马路上，身后跟着一群摩洛哥男人高喊：我爱你！后来不得不买一个围巾，戴上墨镜，假装穆斯林女孩儿才平安无事；曾经在撒哈拉看到过最美的星空，也在骑骆驼的时候把新买的鞋子送给了沙漠；曾经在哥本哈根跨年的晚上，和一群各个国家的人在马路边喝得微醉，看着烟花，拥抱每一个路过的人说新年快乐；曾经在摩纳哥攀岩，攀到二十米左右的时候找不到下一步该怎么走，她吓得发抖。然后不小心碰到

iPhone 的 Siri，它说：抱歉，我帮不了你。然后瞬间大笑；曾经为了看北极光，和朋友爬到一个雪山顶，等待了几个小时冻僵了自己，几乎不会走路了然后滚着滚着下山了；曾经和好朋友在斯德哥尔摩差点错过航班，一路上她们没有抱怨彼此，反而觉得经历一些事情，反而让彼此更加了解了。最终在起飞前10分钟赶到了，她们还兴奋地自拍了一张照片，注释："爱拼才会赢"；曾经在土耳其从欧洲横跨亚洲的马尔马拉海上，她坚持坐在船舱外，虽然几乎冻僵，可是却见到了此生见过的最漂亮的日落，并且回忆了小王子的每一个细节；曾经在波尔多的马路上和两个法国朋友撑着黑色雨伞走着，雨停了，一位朋友突然唱起歌来，于是大家开始拿着雨伞欢快地跳舞。然后对面街的红衣老太太也加入了进来，然后很多路人也加入了进来，雨后的画面那么美好；曾经在巴塞罗那和新结识的俄罗斯、哥伦比亚和西班牙的朋友，在凌晨去看地中海，坐在黑暗的沙滩上吹吹海风，感觉一切是那么的不真实；曾经在梵蒂冈的西斯廷教堂仰头看着米开朗琪罗的壁画——《最后的审判》和《亚当的创造》，然后第一次被艺术感动，大滴大滴的眼泪往下流，竟然忘记了时间和自己在哪里；曾经在维也纳听过几场音乐会和歌剧，被音乐陶醉的同时，也感慨原来生活还可以过得这么的优雅而诗意……

生命中的这些有趣的小事看起来不起眼，但正是它们构成了我们生命的故事。

多读书，多出去走走看看，然后用心去观察、体验和思考，能让你更有趣。

咪蒙无疑是众多自媒体中，很受欢迎的一个。如果你看过她公众号里的文章，就会发现她懂得很多，也写过很多有意思的故事。

有一个故事是讲她去日本玩的时候发生的笑话。和咪蒙同去旅游的一个男生的女朋友听说日本的液体卫生巾特别好用，让这个男生去便利店帮她买些卫生巾。

这个男生跟咪蒙一样，英语都不太好，很难和外国人正常交流，那么该怎样让导购知道他要的是液体卫生巾呢？这让他犯了愁。

突然，他灵机一动，用肢体语言表示。他指着自己的下体，双手做出划船的动作，嘴里一直说，"water、water"……

效果很明显，售货员差点要报警了。他求助地看咪蒙，想让咪蒙用英语帮他，身为他的朋友，咪蒙"不讲义气"地……闪人了。

还有一个故事是讲她去美国玩的时候，听到的一个妈妈和孩子的谈话。

当时，咪蒙在纽约的街上闲逛，看到一群流浪汉在路边躺着，一个白人妈妈带着小女孩经过。白人妈妈对小女孩说：看到了吗，你要好好学习，将来就可以帮助他们。

咪蒙看到这一幕想到的是：如果在中国，路上遇到乞丐，妈妈一定会对孩子说：看到了吗，如果你不好好学习，将来就会变得像他一样。

在这里，她从这很平常的一幕，发现了不一样的东西，讨论了中美教育的差距，感慨美国小孩的格局很大，从小就知道要改变世界。

最后有人问咪蒙，讲故事这么有意思，到底是怎么做到的？

咪蒙给出了这样几个原因：

第一，她看过很多书；第二，她去过很多地方；第三，她去的每一个地方，都用心去观察，回来她都会写文章，记录她的体验和思考。

去做一个旅者，而不是游客。

如今，来一次说走就走的旅程，对很多人来讲已不再是一件难事。以至于大小假期一到，大家都纷纷挤上飞往世界各地的飞机，匆忙地为自己收集各国签证印章，在朋友圈发布各地的美食美景。

那么，在旅行归来后，心情放松了吗？视野开阔了吗？经验增长了吗？心智成熟了吗？发现内心中真实的自己了吗？

有时候我们出门带了钱，却没有带心；躯体在行走，心却没有行走。其实，旅行，不在于你去到的地方有什么，而在于你能感受到什么。只有用心去感受到的东西，才能转化为你的见识，让你成为一个丰富而有趣的人。

不如试着去做一个旅者，而不是游客：

（1）忘掉攻略，心才能开始行走

互联网的便捷让我们在去到一个地方之前，就能很轻松地收集到各种攻略。然而这就像剧透一样，剥夺了探索未知的乐趣。所以除非是和朋友一起出行，不得不事先安排行程单。否则一个人的时候，我不会去做太具体的计划。我也会事先浏览一下攻略，在一个城市圈定几处想去看的景点，但不会在意攻略中的具体内容和评价，因为每个人的视角不同，感受也自然不同。我也不会让自己匆忙地从一个景点赶去下一个景点，在哪里停留，停留多久，完全取决于有什么样的发现。

（2）全情投入，做个好奇的傻孩子

在旅途中，我们永远只会记住那些我们用心投入过的场景。在树林里喂过的一只松鼠；在篝火旁纵情的舞蹈；费尽气力才登上的一座山峰；全神贯注地欣赏过的一个画面。就像在人生历程中，我们只会记得那个不计得失，投入真心去爱过的人。

（3）放下自己，才能看到世界

旅行本身并不能让人成长。如果你是怎样的，你就带着怎样的视角去看世界，这样看回来的，仍然还是你自己。太满的自己是吸收不到任何东西的，带着评判、挑剔的眼光去看异域，更是不会有任何收获。只有放空自己，带着好奇心去行走，才能让我们从"看"到"看见"。

旅行的意义，是让我们走出每天惯性生活的小圈子，去看看世界。听听别人的故事，让自己变得渺小，让烦恼变得渺小。

（4）尽情地拍拍拍

拍照，就是每个人看世界的眼光。因此同样的景色，在不同人的镜头下也会不同。虽然用心品味过的画面会印刻在脑海，但如果花心思整理出来，配上文字，回顾每到一处的所思所感，就是二次旅行，岂不是赚了！这样的礼物送给亲朋好友，让他们也和我们一样经历旅行，也是和他们互相理解沟通的好方式。

（5）上当，那是在所难免的

出门在外，人不可能买的每一件东西都划算、住的每一个酒店都经济实惠、走的每一条线路都充满惊喜。偶尔搭错车、迷了路、看了一场索然无味的表演、遇见不可理喻的人，只要在保证人身安全的前提下，有一点小的经济损失，都不必放在心上。有时候，正是这种当时看起来不太愉快的经历，反而成为日后的谈资，丰富了自己的阅历。

（6）旅伴，可遇而不可求

结伴出行固然有很多好处，但能够遇到有相同假期，有共同目的地的伙伴，实在是不容易的事情。所以现在"游侠客"一类的旅友网很火爆。"没伴儿"是阻挡很多人出行脚步的门槛，其实一个人走也挺好。一个人到了某地可以去探望当地的好友，也让旅途增加了许多温情。和当地的朋友聊聊天，听听他们现在的生活。有时候他们还会带你去当地鲜为人知的秘境，然后剩下的时间你还是一个人自在地行走。

旅行开始变得淡定从容的标志，是没有了"必须"二字。没有必须去到的地方；没有必须拍照的景点；没有必须吃到的东西；没有必须的住宿条件。从五星级酒店到青年旅社和质朴的民宿都很好，甚至没有必须一起行走的人。总之，我们不是为了在地图上盖满脚印而行走，不要让出行反过来成为增添疲惫的负担。甚至到后来不一定要去哪儿，当下即菩提，人不走，心也可以旅行。

4. 勇敢一点，去挑战让自己恐惧的事

有人问，怎样才能改变自己，成为一个有趣的人。答案很简单：

想要成为有趣的人，或是过有趣的生活，重点不见得是这个人的特质，而是区分出生活中的常规与非常规。每天做一件自己害怕甚至恐惧的事，敢于改变自己的人绝对是有趣的，因

为他为自己带来了新的眼界、新的世界。

想要摆脱无聊的生活和枯燥的工作，你就必须不断地挑战自己。面对挑战，迫使自己离开舒适区。

还在上大二的李月是个娇生惯养的大小姐，她的生活条件比较优越。从小到大，什么事情都不用操心，父母都会帮她安排得好好的。但是，一段失败的感情经历让她醒悟了，她永远忘不了男友说她"巨婴"时鄙夷的表情。

为了锻炼为人处世的能力，见识更大的世界，她参加了一个海外志愿者活动。这个海外国际项目里，设定了诸多的门槛，还规定每周要做的项目计划。于是李月给自己定了一个完美的计划：体育锻炼是做瑜伽；技能学习是学韩国语初级课程；社会服务是去做饭堂员工儿子的义教老师；户外探险活动则是一次徒步露营——八小时挑战 30 公里的徒步路程。

当她真正展开完全由自己选定的韩语学习的时候，才深深地发现时间匆匆，再不学习很快就被他人抛下。李月说，一开始她打算跟着韩语专业班一同上课，可旁听了两个星期之后，因为跟不上进度而选择了自学。

在从事社会服务时，李月一直都有想帮助他人的心，可很多时候都被一些烦琐的事情打断，根本无法坚持。但是她坚持用晚上的时间，为饭堂工作人员的孩子补习功课。

在四个科目中，让李月感受最深的是户外体验。通过接触这个项目她才开始体验冒险旅程，而且发现了其中巨大的乐趣和兴趣，现在她基本每两个月都会去徒步爬山。八小时完成 30 公里的徒步路程，让她感受到："挑战自己的极限是多么爽的一种体验。我和队友一路上互相扶持、鼓励，完成了看似不可能的挑战。"

从他们在挑战的项目中，她看到了比她所在的圈子更广的东西，认识了很多"牛人"。李月说自己是一个很幸运的人，因为在挑战自己的过程中，她的收获超过了预期，体验了很多从未想过会有机会接触的事物。最后李月感慨道："回想过去，如果没有当初勇敢地走出去，就没有今天这些超棒的经历，就没有今天这么强大的李月。"

如何克服"恐惧尝试"心理？每天做件具有挑战的事。

心理学家研究发现：当人们觉得凭借自己的能力，无法完成一件事或者将会搞砸一件事的时候，恐惧感就会由此产生。但是，假如你去尝试，你就会发现，很多时候这种恐惧感其实是毫无依据的。为了保护自己，我们的大脑会潜意识地阻止我们做一些有风险的事。事实上，当你将自己推向能力极限的时候，让你感到恐惧的事就会开始减少。不要让这些恐惧控制你一生，要让它瞧瞧谁才是命运真正的主人。然后当你面对以前会使你感到畏惧的事时，便不再感到畏惧，此时你已然实现了一次超越。

你有过感到无能为力的时候吗？在面对一些自己无能为力的事情时，你会感到恐惧吗？对大多数人而言，答案是肯定的。

想象一下，你正乘着飞机在万米高空中，遇到危险情况，必须要跳伞，这时大脑就会自动灌输一些负面的信息让你无法顺利跳伞，那是因为恐惧像种子一样扎根在我们的头脑中。但假如你此前有过很多年的跳伞经验，大脑就不会有所顾忌，因为你的潜意识告诉你：跳伞不会有危险。

当你将自己推向能力极限的时候，让你感到恐惧的事就会开始减少。其实所有的恐惧都是大脑出于保护自己的本能而产生的，而且那些未知的恐惧，可能并没有你潜意识中认为的那样危险。

比如一个刚刚入行的推销员，要在街上向行人推销自己的产品，他可能会手足无措。不知如何开口；不知道是否会遭到拒绝甚至白眼；不知道是否有人会愿意买自己的产品，但这些并不都是一定会发生的事。所以只要克服自己内心的恐惧，勇敢地张开嘴、迈开腿；花一点时间、下一点功夫，你会发现这根本算不了什么。

有这样一个故事：一个人经过一个建筑工地，那里有三位建筑工人，于是他分别问三个人在做什么。第一个工人回答："我正在砌一堵墙。"第二个工人说："我正在盖一座大楼。"第三个工人回答："我正在建造一座城市。"十年以后，第一个工人还在砌墙，第二个工人成了建筑工地的管理者，第三个工人则成了城市的领导者。

事实上，当初三个工人的处境几乎都一样，他们同样踏实肯干，对未来有着同样美好的设想。只不过第一个工人被内心的恐惧阻止了，他认为理想是离现实太遥远的东西；而第二个和第三个工人只是朝着理想多走了一步，多做了一些尽管最初让自己有所畏惧的事情。比如勇敢地寄出了自己的设计图纸，在适当的时候展示了自己的才能。

每天做一件令自己感到畏惧的事，这时体内会产生大量的肾上腺素，会让你的精神充满了动力，生活充满了乐趣。而且假如你完成了原先认为做不到的事，你会过得更好，还能更好地控制你自己。所以当你面对以前会使你感到畏惧的事时，不再畏惧，你就实现了对自己的超越。

5. 去另类课堂学技术

有趣的人一般都身怀绝技，这个技术可以很有用，比如做饭、手工、修电脑；也可以很奇特，比如快速拆书本塑封、3秒系鞋带、自带女王气场；甚至可以是难以用语言形容的绝世神技，比如跳巴西战舞——卡波耶拉，穿五指鞋进行赤足跑，搜集几十种音高的猫的叫声，剪辑出一首《生日歌》等等。

我们该如何掌握这些技能呢，我们通常想到两类内容。一类是讲座、演出、聚会、酒会、派对；另一类是自己想办法通过各种渠道搜寻有用的信息，比如上网看教学视频、看书等等。前一类活动的本质是点对面的信息分享，就是在台上的人通过汇报、展示、表演，向在台下的我们传递他们的信息——这既像在大学里听课，又像在网上浏览名人的博客；后一类是点对点的信息分享，我们能够更灵活地搜寻到有用的信息，但是自己实行起来并不容易。

这两类行为能让我们了解更多新的知识和技能，但是只有经历才能让我们真正把那些道理变成知识。而这样的经历在大部分时候都不会是什么讲座或者分享会，而是一些看似毫不相关的点滴经历。例如被对手在拳台上一个重拳击倒在地；或是从十万米的高空一跃而下。我们并不指望任何经历一定能让我们开悟，但如果存在开悟，那往往都是在这样的点滴经历中。

现在社会上有很多这样的课堂，在周末时，行动起来去参加一个与众不同的课堂，你就可以学习这些神技，结识到同样有趣的朋友了。而这些独特的经历，可以丰富我们的人生，让我们变得更有趣。

作为一个"生命在于折腾之人"，快去学习各种不同的新技能，开启各项技能树吧！

寓学于乐，另类课堂学习技术。

25 岁的李晓是一个时尚的漂亮女孩，在上海一家文化传播公司当白领。按部就班的工作、没完没了的加班、一成不变的生活，让这位年轻女孩失去了对生活最初的激情。但由于公司的年终考核非常严格，她又不得不拼命工作，甚至连睡梦中都在写文案……好不容易熬到周末，疲惫的李晓，往往又不知道该去哪儿休闲放松。只好赖在床上睡懒觉，这种了无生趣的生活令她感到窒息！

又是一个无聊的周末，李晓百无聊赖地上网打发时间。偶然间发现了一家名为"连客周末"的网站：一个可以让人们发起、获得、记录与众不同经历的平台。首页上的一段话让她怦然心动："如果有一天，弹钢琴和玩滑板的都是好孩子；足球和击剑都成为大众运动；K 歌和帆船都是日常休闲；歌剧和街头卖唱不分贵贱；百万年薪和浪迹天涯都是成功者……当 13 亿人不再挤在一条路上；当与众不同的经历融入每个人的生活，连客便实现了它的使命。"她当即按照网站规定，提交了一份电子版《连客申请表》。

几天后，李晓收到了连客网的邀请。她立即加入连客群体，很开心地逛了一圈，发现好多令人大开眼界的经历：体验柔术的博弈精神、用曼陀罗绘制的心情、学习定位自己的性格坐标……她在连客网上花 118 元为自己购买了一场非同寻常的周末经历——

"和非洲女婿一起，学习甩掉鼓槌的非洲鼓"！

周末傍晚，当李晓如约赶到黄浦江边一片空旷场地时，发现已经有20多人席地而坐。有一名帅气的男子正在大家的围观下示范非洲鼓的打法。这位"非洲女婿"是上海人，在尼日利亚工作时迎娶了一位当地黑美人，并在那边生活多年，颇有音乐天赋的他精通几乎所有的非洲乐器。

当晚，大家情不自禁地起身热舞，鼓声、掌声、口哨声交织在一起，把气氛推向了高潮……李晓也体验了一把用双手拍打非洲鼓的乐趣，在最古老的打击乐中体验快乐和自由，玩得淋漓尽致。此后，她经常在连客网参加这些独特课程，比如跟着一名巴西女留学生学跳卡波耶拉（Capoeira 巴西战舞）、参加即兴喜剧表演、体验飞檐走壁般的跑酷训练……不仅丰富了人生，还结识了许多志趣相投的朋友。

寓学于乐，我们得到的不仅是技术本身，任何一门有趣的课程都能让你收获到与众不同的经历，甚至还能学到背后的文化。例如品鉴沉香，或是研习《易经》。如果该经历带来的知识，还有极强的实用性，更是再好不过；例如 EFR 紧急救护，或是法餐烹饪等等。

我们的人生很短，大约只有三万多天，要努力活得有意思一点。你要记得，永远不要重复一样的经历，因为你不会从中收获到更多。更因为这个庞大的世界有太多有趣的人等待着我们去学习、太多截然不同的经历等待着我们去体验。

如果你每个星期都在做着差不多的事情，那么一年以后你还是一年前的你，只是老了一岁。如果你愿意每个星期、每个月都去尝试一种新的体验，认识一个来自完全不同背景的朋友，那么一年后你和一年前一样年轻，只是比别人多走了一步、多了一年的阅历和对世界的认知。

6. 听从内心的呼唤，做让自己不后悔的选择

我们的生活呀，重复且马不停蹄，还充斥着细细碎碎、数不清的烦恼。比如拥挤的交通、每日三餐的选择、同事朋友的误解、做不完的工作。总有人在抱怨自己选择错了：

"当初不选这份工作好了，总加班，根本没有时间出去玩。"

"当初不选这个专业好了，没什么发展前途，以后工作怎么办。"

"当初不和那个人在一起好了，家里太穷，在一起时什么都没给我买过。"

"不结婚好了，结婚后一点自由都没有，跟想象的完全不一样。"

"不要孩子好了，不仅花销大而且还没时间享受二人世界。"

…………

其实没有十全十美的选择，不要在选择时犹豫不决。

在人生的选择中，得与失往往是无法比较的。如果看重的是亲情，那么是金钱都无法比拟的；如果看重的是事业，那么又是亲情所不能给予的。所以，既然选择，不管今天失去了多少，受到了多少磨难都已经不太重要。因为人生的每一次选择不在于最终的结果，而在于你的最初目的；不在于别人怎么说，而在于你的人生目标。面对人生的每一种选择，必定是有得有

失，重要的是去追随自己的内心。

世界因为多元而美丽，人生因为选择而有趣。

刘丹尼，连客创始人。1988年出生，2011年毕业前，刘丹尼拿到了黑石集团的入职邀请。这家美国上市投资公司给他开出了20万美金的年薪，但他并不打算做一辈子枯燥的投资分析。在上班前，刘丹尼上了很多奇奇怪怪的课，和各种奇奇怪怪的人交流，希望从他们的经历中获得一些启发。经过几个月的内心挣扎，他终于和朋友们找到了连客这个项目。然后搜罗那些原本就在我们身边，却没有进入主流视野的独特经历，并通过连客呈现出来，让每一个人都可以很容易地体验到它们。

22岁的最后一天他从沃顿商学院毕业，用文凭上"最高荣誉毕业"的标签，安抚了已经年过半百的老妈。然后转头辞去了毕业后的第一份工作，跟一家很受尊敬的公司，还有150万人民币的年薪道了别，回到了上海，加入了"毕业即失业"俱乐部。开始了一天三顿盒饭的新生活，开始创建一个叫作连客的小东西。

刘丹尼本来计划一毕业就推掉黑石的工作，去做"连客教父"。但他考虑到实习时就参与进来的团队项目开发的进度、家里父母的压力等，还是在黑石工作了4个月后才正式辞职。

2011年夏天，刘丹尼光荣地成为黑石集团历史上第一个尚未正式入职，就宣布不干的分析师。随后，刘丹尼回到上海创业。和他一起打造"连客周末"的有拒掉谷歌总部邀请的工程师，也有来自北京三里屯的歌手。刘丹尼从银行贷款50万，用来负担服务器租金、房租和员工工资，他还在上海和北京分别设立了办公室。

"连客"被刘丹尼定义为一个发起并获得经历的平台，而且这些经历得足够与众不同。比如七天尝试四国武术、成为PADI 开放水域潜水员、来一场真人魁地奇（《哈利·波特》里的空中团队对抗运动）……2011 年 10 月，北京一群《哈利·波特》的爱好者就在刘丹尼团队的帮助下，制作了球门、金色飞贼等器材，14 个人在朝阳公园的场地里夹着扫帚跑得欢天喜地，仿佛一下子找回了无忧无虑的童年时光。

　　随后，一篇 1.7 万字的文章成为连客为人所知的起点。它在 24 小时内被浏览了 15 万次，并为刘丹尼尚未开放的连客网获取 6 万封申请信，以及几个工作伙伴。

　　其实，生活不只是眼前的苟且，只要你愿意，完全可以去选择自己喜欢的生活。

　　我们可以做选择工作的人，而不是被动接受工作的人。选择工作，不是以金钱作为最大的考量，而是这样的工作会给我们带来乐趣。在没有钱的时候，选择工作能够做到不考虑金钱，是坚持；在赚到足够的金钱后选择工作能够超越金钱，是智慧。

　　很多人始终分不清金钱和工作的关系，将两者混为一谈，却把金钱和理想的分开看得很重要，实在是奇怪的逻辑。我们要有把工作视作爱人的态度，和爱人谈钱，迟早要出问题。往反面说，只要给足够的钱，什么工作都愿意干，这也是普遍存在的一个逻辑。但如果有个人出于特定理由确实非常需要钱，他可以这么做，否则这实在是一笔愚蠢的买卖。个人获得的是一笔固定的数字，但是付出的却是理想和人生，而后者是无价的。

　　被动接受工作就是犯错误的开始，让自己越来越被动。每天早上 7 点起床，你可能想，折磨的一天开始了。要把自己的才华浪费在一些无意义的事情上、和同事的斗智斗勇上、和领导的虚与委蛇上，然后不断痛恨自己的工作。在熬完上班时间完成了工作后，第一时间打卡下班，等待下一个这样的工作日的开始。人的一辈子也就 3 万多天，而大部分人就把自己的一万多天花在了这样周而复始的自我折磨上了。

　　工作是为了活得更好，或者说的更高远一点，是活得充实，活得有理想，而不是自我折磨或者出卖自己的价值观和理想。而我们始终追求的，应当是给予生活乐趣的工作，不是过去工作在未来生活的延续。

第十章
提高审美趣味，做个有情趣的人

1. 找到自己的穿衣品位

现在很多人都不会打扮自己，觉得没必要那么在意，有的人却觉得自己穿衣打扮得很好了，其实他们做得并不好。

为什么说穿衣打扮很重要？这个问题要说清楚，在这个看脸的年代，长的好还要有才华；那长得不好就更需要包装了。一个人穿衣服的品位，与其说是审美的种种区别，不如说是内心世界的一种反射。一个有趣的人一定是懂得穿衣打扮，懂得展现自己魅力的人。

有句老话说得好，人靠衣装，佛靠金装。大部分时候，当我们谈论衣着的时候，我们是在谈论衣着，而不是长得好看最重要。无论父母给你的长相如何，好的衣着品位始终可以重新塑造人，增强人的自信，也带给他人愉悦，整体上提升一个人的气质和评价。

一个人学会了穿衣打扮，将自己最好的一面呈现出来，给人的第一印象就会眼前一亮。现在找工作，虽然面试的时候面试官没有直接说出来，但是那些会穿衣打扮的人，印象分就已经高出同等能力的人了。

出门在外，逛街可以看到各式人等穿着风格也不一样，很少能看到给人眼前一亮的感觉，不过偶尔还是会有。所以说穿衣打扮真的很重要，希望大家多多重视。其实自己穿着得体对于自己也是一种帮助，学会穿衣打扮对自己也是一种优势。穿衣打扮，喜欢买衣服并没有什么错，并不是爱慕虚荣，而是现在的年代需要这些。

要想找到自己的穿衣品位，首先要认识自己。

陈莉小的时候专注于学习，而且家长总是灌输朴素就是美的思想，因此她从来没考虑过穿衣打扮的问题。在上大学以前，她不知道有穿衣打扮这件事情，只知道要吃饱、喝足、穿暖才能有精神上课。上大学以后，她和寝室的女生会一起去逛学校门口那些小店，然后买一堆在那时看来物美价廉的东西，都是30、50的，甚至还有10块钱的T恤。

上班之后，陈莉才知道穿衣是有品位这一说的。而且，她看到别的同事都穿着光鲜亮丽，然后再看看自己，悲哀地发现自己已经"OUT"了，完全没有品位，再好的衣服穿出来也让人感觉很土。

她的身材偏胖，衣服本来就不好买，买的衣服也不是很便宜，可是这些不便宜的衣服，穿起来还不如同事在大街上淘的几十一件的搭配起来好看。身材不好吧，懂时尚知道扬长避短也行，可她一点也不懂。买衣服总是让家人、朋友参谋，她们说不错、好看，陈莉就买。有时买回家才发现一点都不适合自己，索性就破罐破摔，觉得只要不露肉就可以，管它时尚不时尚。可是每次逛商店，营业员总是鼻孔朝天的瞄一眼，就不再搭理她，忙着热情地去招呼那些穿着时尚的女孩了。她总是被华丽丽的漠视了，搞得都有心理阴影了，越来越没自信心。

后来，陈莉上网研究了穿衣搭配的方法，还请教了身边穿衣品位比较好的同事，大家都说要她先认识自己。

她根据这些建议，分析总结了自己的优缺点：身高中等，大腿偏胖，但是腰身比一般人长一点，所以最好挑长版的衣服，这样可以避免大腿缺点；胸部丰满腰身不错，不能以为穿宽版衣服就好看，那样腰身都没有了，穿贴身一点的连衣裙，宽版的衣服务必配腰带；因为胸大，所以不能穿圆领和高领，否则就是竖版骆驼。总结完毕之后，陈莉慢慢尝试着搭配，然后请同事给她提意见，就这样一步步，终于找到了属于自己的风格，而且她还开始学着化妆了。

今天 7 月陈莉第一次跳槽，面试她的人力说她给人的感觉是年龄很小但是很舒服。陈莉很担心地问："这不会显得我职场不专业吧？"面试的人力笑了笑说："不是，你很得体。"

得体，收到这个评价陈莉很高兴，这说明她在穿衣上的努力没白费。

找到自己穿衣品位的方法。

提高穿衣品位，在愉悦自己的时候也能愉悦他人，有利于自己的人际关系的发展。以下的技巧可以让大家提高自己的穿衣品位。

（1）放平态度

要想提高自己的穿衣品位，首先最重要的是要端正态度，怀着一颗持之以恒、不懈努力提升穿衣审美的心。毕竟穿衣的品位不是一天两天就可以得到提高的，而是要日积月累地慢慢提升，所以，村姑变白富美的第一步就是端正学习的态度哈。

（2）看杂志

多看看一些有关穿衣打扮的杂志，即使里边提到的衣服大都买不起。没关系，只要你坚持一段时间，看看里边人家为什么那样搭配，你会发现，不知不觉中自己也会一些简单的搭配了。

（3）利用网店

网上有许许多多卖衣服的店铺，而且一般都由模特来进行衣服展示，多到网店上看看模特是怎么搭配衣服的，不知不觉中也会对自己提升穿衣品位有所帮助。逛网店时记住自己的主要目的是看搭配、学搭配，把模特想象成自己，看看自己像模特那样穿好不好，想想模特身上穿的还可以怎么搭配。

（4）逛逛商场

都说衣服看是看不出的，只有真正试穿了才知道是不是适合自己。所以，有空的时候不妨到商场逛逛，多试穿，知道自己穿哪一类型的衣服好看、穿哪一类型的衣服不好，慢慢培养自己的穿衣风格。

（5）利用微博

微博上有很多博主都是专门发布与穿衣打扮或街拍相关的文章，所以，喜欢玩微博的你不妨多关注几个这种类型的博主，刷微博的时候也可以顺道学习一下，这也是一个不错的方法。当然，关注明星什么的也挺好的，毕竟明星的穿衣品位大多数还是很棒的。

（6）与身边穿衣品位高的人多交往

不管你多么不会搭配，你身边总是会有非常摸得着门道的小伙伴，不妨多跟他们来往，多留意他们怎么搭配的，多跟他们逛逛街，真的会对自己有所帮助。

（7）学习色彩搭配

如果想深入学习的话，学习一下色彩搭配倒是一个不错的选择。在有了一定基础之后再配以色彩搭配的知识，不仅衣服款式选得好，搭配也到位，绝对是提升穿衣品位的一大步。

（8）找寻灵感缪斯——穿衣榜样

多关注一些时尚达人、博主，如果不知道穿什么，就从模仿开始做起。不过模仿对象也不是乱选的，要根据自身的条件和对方的相互比配，找寻和自己有相通性的榜样。

（9）求同存异　温故知新

有了穿衣榜样，就要多模仿，多逛时尚类的网站，关注她们的信息，把喜欢服装的搭配保存下来，多欣赏，多看漂亮的街拍。这样坚持下来，你的时尚品位将会有很大的提高。

（10）找到自己的标志性物件

打造出鲜明的风格，必须有自己的 logo，所谓标志性就是可以表达强烈的个人风格，这就是为什么有人看一眼就知道你的风格。

（11）适合自己的风格，才是最好的

风格是根据个人的气质和性感所决定，还有体型的差异、身高的缺陷需要巧妙地避开。比如腿短需要怎么穿？腰粗又怎么搭配？除了这个，还要考虑自己的工作环境和行业。

勇于尝试，不怕失败。当然除了看，还需要你多尝试，尝试新的风格，不怕出错，在尝试中激进，找到适合自己的风格。

2. 形成良好的阅读趣味

俗话说看一个人就要看他交往的朋友和他读的书，可见一个人所读的书对一个人的影响还是十分之大的。读书是一颗植入人心灵的种子，是为自己酝酿一生的生命之酒。一个人要变得丰盈、有趣，应该多读书。

义务教育课程标准里，规定小学、初中学生的课外阅读总量不少于400万字，高中语文课程标准规定，三年课外阅读总量不少于150万字。对我们来说，阅读应该成为漫长人生的一种重要方式。阅读形成的高雅气质和风度，是一个人良好素质的最佳表现。

尽管读书一直被视为人类的良师益友，但在信息爆炸的时代，我们在参差不齐的书籍面前，如果不能形成良好的阅读趣味，那阅读极有可能成为相当耗损心力的垃圾食品。老话说得好："腹有诗书气自华。"但如果你的腹中都是些垃圾食品的话，那么，你身上散发的就不会是馥郁的香气，而是酸腐的臭气了。

阅读一些低质量的网络小白文会让你变"low"。

小白文一般来说是用于形容网络小说，通常情节简单，没有小说基本的起承转合结构，反复灌充无意义的字数，使小说内容臃肿、桥段极度套路化、缺乏思想性、内容浅白，一般见于网络小说。但是这些文采较次的文章，其文笔比较通俗，非常容易受到读者欢迎。

李晓今年初三毕业，极度狂热地热衷于小白文。

有一天，李晓在上网的时候，无意中看到一本网络小说，看了几天之后，她就像吸毒一样，陷了进去，开始迷恋网络小说。这些小说会让她浮想联翩，想女主该怎么怎么做，男主该怎么怎么做；想女主角怎么美丽优雅绝代风华，怎么冷静淡定踩死"渣男"；怎么耀武扬威"秒杀"女配角；怎么和优秀的男主角卿卿我我……

她自己也知道这些小说大多是一些没有什么营养的东西，没什么益处，还浪费时间，但依然不能自拔。后来她爱上了穿越，就专看穿越。本来还可以的学习成绩急剧下降，并且严重影响到了她的生活。

痛定思痛，她终于反思了自己的错误。她意识到看这些小说的害处，影响学习成绩，还只是表面原因。一个苹果如果表面烂掉，那里面肯定也是烂的，因为如果里面没有烂的厉害，你从表面是看不到它烂掉了！

这看起来没什么，可是如果你的脑子都充满了这些东西，拿什么想解题思路？拿什么想学习方法？而且这会让一个女生显得很肤浅，肚子里除了情情爱爱没有任何内涵可言。

若有充足阅读，你就不会轻易地成为乌合之众。

李莎是个不折不扣的文艺青年，她觉得读书是最低风险且有最高投资回报率的事。所以在她每个月的消费里，关于图书和杂志的购买占了所有开销的一半。

她没有太多爱好，不喜欢奢侈品、不喜欢口红，也不怎么喜欢买衣服，很多朋友见到她都觉得她朴素得不可思议。她常年都是一件黑帽衫穿梭在三里屯，在她不回家的时候，她往地板上一躺，帽衫就能直接当被子用。

李莎不太喜欢无意义的交际，逛街一旦遇到书店就不走了，她是那种出国会带一百多斤书回来的人。从女性的《彷徨的娜拉》、尤瑟纳尔《何谓永恒》、中野京子《疯狂年代》到关于食物的《恶魔花园：被禁忌的食物》《味道的历史》，到所谓关于国家未来的《全球能源安全评论》《供给侧改革：新供给简明读本》《供应侧改革引领"十三五"》，再到《杜尚访谈录》《建筑师》《做衣服》等艺术类的书，她涉猎很广。

她总是有着很强的好奇心，例如有段时间她特别喜欢珠宝，就买了美国前国务卿奥尔布赖特《读我的胸针》，还看了《迪奥小姐》《时尚的精髓：法国路易十四时代的优雅品位及奢侈生活》。她还喜欢一些极冷门的书，因为冷门的书一般都很好看，例如她从一个朋友手中买的《微国家》（那些不被联合国承认的国家的法律与制度）。

她还爱读穆尚的诗歌和蒋勋、刘瑜的随笔，喜欢读毛尖的电影评论。

她喜欢看书中那些精心设计的文字，那些精挑细选的句子；喜欢看糟烂岁月里文明的微光，悄然涌动。

李莎"高大上"的阅读方式，很有意思，也值得我们借鉴。目前有些人阅读状况还是堪忧的，水平也参差不齐。盲目的内容选择和随意的阅读安排，是很多人阅读中的一些误区。如多数人喜欢的内容是网络小说类、影视娱乐类，多以情节的可读性和趣味性作为首选标准，选择局限于较低层次的消遣娱乐上。

又有一些人阅读多是翻阅却没有动笔墨的习惯；还有一些人阅读时间太随意，有时间了才看，没时间就放一边，甚至读一点就放弃。这种功利性的阅读和随意式的阅读是阅读的大忌。

你可以用以下的阅读方法形成良好的阅读趣味：

书没有好坏之分，但人的惰性是可怕的，我们应该先依据自身水平和品位，选择自己有兴趣读下去的，循序渐进地提高自己的阅读品位：

（1）人都是不满足于现状，渴望新鲜的事物和刺激的。所以当我们喜欢一类书时，比如小说，我们就应该通过网络搜索到一切这个类别的书，将这个类别的书尽量多看。当粗制滥造的书看到了一定数量时，我们便明白了它的奥秘，它便激不起我们的阅读欲望了，我们自然会寻找更优秀的书籍来看。

（2）我们可以通过某个渠道找到好书：第一，通过网络搜索好书排行榜；第二，在图书电商网站看排行榜；第三，可以在豆瓣等网站看评分榜；第四，多多留意电视节目或者是读书过程中名人推荐的书目，顺手记下来。

（3）无论是摘抄还是写读书随笔，抑或是阅读批注等读写一体的活动，都是让阅读比较见效的一种行为。否则只读不动笔墨，阅读的效果就要打折。

而且一本好书最初可能吸引你，但你可能最终还是很难坚持下去。建议大家每读完一本书便在网上写写书评、读后感，有了他人的支持和关注可以大幅度提高我们的动力。

（4）虽然现在存在着是用电子书好，还是用纸质书好的争论，但最重要的并不是形式，而是努力充实和提高自己的决心。

其实一个人的阅读品位提高了，也就说明一个人的思想成长了。所以希望大家不要放过手边可以利用的一切资源，阅读起来吧。

3. 培养一两个陶冶情操的爱好

兴趣爱好应是自发的，要对感兴趣的事物有有追求的能力。由"好奇"开始，然后慢慢发展成兴趣，整个感到有趣的过程就能吸引住我们。我们会兴致勃勃进入状态，也因此觉得愉快和满足。

有些人因为受到自己专业与生活范围所影响，并没有把自己感到有兴趣的圈子真正打开。记住，不能对凡事皆无兴趣，这是绝对很严重的事。

你的生活无趣，是因为你没有自己的兴趣爱好。

爱好可以让一个人在这个世界上活出自己的真性情，找到生活中的乐趣。让你拥有更多的正能量，看见生活中的美好，感悟美好，将美传递下去。爱好也可以使一个人在人群中凸显出来，让人的灵魂熠熠生辉。也许有的爱好不能为你带来名与利，但是它可以为你带来一段属于自己的、满足的、愉悦的时光。

李思思是一个小白领，也是个事业狂，她特别喜欢忙碌的感觉。并非工作真的有多忙，其实只是害怕闲下来，害怕自己独处的时光。甚至觉得闲就是无所事事、没有价值，必须在工作中一直忙碌，这样的人生才有价值。她没有什么兴趣爱好，以至于周末也想要去单位加班，一个人待在家里，就会心情跌到谷底，负能量爆棚。

她在单位里表现的很忙，其实这样的工作效率也并不高，工作上也并没有那么多事。但是作为领导，由于她没有爱好，上班时间像看管小学生一样看管部下，回家鸡毛蒜皮，家长里短，这就是生活的全部。她聊天没有什么见解，不是孩子就是工作，完全没有自己的爱好与时间。甚至周末，无所事事地在单位赖着不走。究其原因其实就是没有一个兴趣爱好，害怕自己独处。

在她的眼里，享受闲暇就是犯罪、是可耻的。拼命挣钱，这就是成功，特长爱好是没有实际意义的，既不能加工资，也浪费时间。她也用这样的教育理念教育孩子，把孩子培养成为忙碌、学习考试的机器。

有兴趣爱好的人，都能够活出自己的真性情。有人在花花草草中体悟出自然之美；有人在运动健身中遇见了更美好的自己；有人在读书写字中，感悟思考人生；有人在厨房研究厨艺，让自己和所爱之人品味爱与用心的味道。

美剧《欢乐合唱团》里的老师 Mr. Shu 曾经说过一句话，大概意思是："这些热爱歌唱的孩子们，也许最终长大并不能成为歌星，但是可以在演唱中，变得更加自信，可以认识到自己其实是优秀的。让每个人散发着光芒，在爱好中感受快乐与友谊。"

也许每一个毫不起眼的爱好，都能够带领人到达一个全新的世界。在这里，你可以抵御世界的残酷与寒冷。在爱好中，体会美，感悟人生，让你自己变得更加美好。也因为你的美好，可以让这个世界变得更温暖、更好。

可以选择的兴趣爱好都有哪些？

既然是爱好，自然是有兴趣才会做，也更容易坚持。兴趣爱好有很多，这里介绍一些例子。

（1）运动：女孩可以选择跳舞、瑜伽这样既能让身体健康，身材又能练好；而男孩则可以选择球类、武术、健身等。另外还有一些溜冰、游泳等娱乐性更强的活动。

（2）DIY：DIY的意思就是自己动手做。比如自己生活中用的小东西、小用品，在DIY的概念形成之后，也渐渐兴起一股与其相关的周边产业，越来越多的人开始思考如何让DIY融入生活。DIY能让你心灵手巧，如果延伸起来还会让你掌握许多技能。比如DIY的电脑从一定程度上为用户省却了一些费用，而且许多简单的硬件问题都可以自己解决。

（3）音乐：音乐很热门，如果掌握了几样乐器，既可自娱自乐，又可让人刮目相看。

（4）影视娱乐：可以看一些国外的电影、电视剧。我想很多人都有自己独特的喜爱，比如欧美、韩剧等等，如果由此引发出你对英语、韩语感兴趣的话，是不是更有学语言的动力了。

（5）服饰：运动、正式、休闲的都有自己的扮酷、搭配方法，但生活中不会穿衣服的人可不少，如果有兴趣研究一下，成为一个搭配达人也很不错。

（6）阅读：书籍、杂志等，看些有益的东西，阅读的同时能增加不少知识。同时参考专门介绍兴趣爱好的书籍，可以买一本看一下。

（7）园艺、饮茶、写生、摄影、物理、化学专业方面等等。

（8）不要说你会聊QQ、逛街、会玩网络游戏、每天晚上睡不着抱着手机看玄幻小说等也算是兴趣爱好，我个人认为这是娱乐，和有益的爱好还是有一定区别。当然如果你能从中学到一些特长，那另当别论了。

兴趣爱好方面有很多，不只这些。这里只是举一些比较大众化的例子。

怎样培养兴趣爱好？

（1）知识储备是兴趣爱好的基础，知识越丰富的人，兴趣也越广泛；而知识贫乏的人，兴趣也是贫乏的。

（2）从娱乐中发展爱好，不要只甘心于娱乐。比如喜欢看韩剧，天长日久你对韩语也会有兴趣，那么干吗不学会呢？

（3）酒逢知己千杯少，话不投机半句多。一个志趣相投的人很重要，他的一些行为可能对你影响很大，在一起的时间长了，他的兴趣也就变成了你的兴趣了。同样的道理，培养多种多样的兴趣和爱好，可以多结交一些拥有这类优点的朋友，你会无形中被他感染的。

（4）根据自身的兴趣特点，培养优良的兴趣品质。由于所有的人所处的环境、所受的教育及主体条件各不相同，所以感兴趣的事物也各不同。

4. 生活除了赚钱，还有很多有意思的事

早上 7 点起床，7 点半出门挤地铁，9 点到办公室开始工作，下午 6 点下班，挤地铁回家……最高兴的是发薪水的日子。

总结起来就是一个公式：生活＝工作赚钱。所以，除了吐

槽工作的压力、老板的抠门，很多人再没什么事可做。

前段时间很火的《小别离》是一部很真实的片子。它讲述了我们都经历过的应试教育，也聊了城市中产阶级的中年危机。剧中演员演技在线，故事流畅，还提出了一连串尖锐的问题：中考、高考、出国、中年失业、婚外情……这一切，都足以让《小别离》成为一部好片子。

但是这部剧看下来会让人很不舒服，甚至越看心情越沉重。因为这些内容太过于功利，剧中主人公们的人生目标就是赚更多的钱，把孩子送出国。结果在这些功利性目的的驱使下，人们变得焦虑、暴躁、烦恼、痛苦……错过太多温暖和有趣。

为了生活，我们必须赚钱。但除了赚钱，我们还应该做点有意思的事，让自己的心灵富足，让人生更有意思。新周刊杂志社出版的《做点无用的事》中有一句话说："做点跟升官、发财、成名没关系的事，做点跟自己的情感和精神有关的事……"

去做点看似无用但好玩的事可以陶冶情操，丰富我们的精神世界。

钟淑红是一个非常喜爱写作的女孩儿，即使工作再怎么繁忙，只要一有空闲，她就会写一些文章，并通过各种渠道发表出去。微信朋友圈、论坛贴吧、新浪微博、豆瓣影评、知乎等等，都有她的足迹，她的朋友们也都知道她这个爱好。

有一次，一位朋友在朋友圈里评论：你写了这么多文章，能赚多少稿费？

钟淑红想也不想就回复道：不但不能赚钱，还得赔进去大量的时间和咖啡钱呢。有时候整整一个周末，就这样在写作中度过了，连正常的假期都没有哦。

朋友一听，立即回道：那有什么用？还不如学学瑜伽，练一副好身材。

钟淑红回了个笑脸，没有再说话。她自己也想过，为什么这么爱写作呢，哪怕耗费掉假期也在所不惜？最后，她给出了答案：只是因为喜欢，这是她的爱好。

如此坚持了三年，2015 年夏天，一个网友突然发信息给她，说她的文章很不错，要不要投稿给她们网站，只要通过，就有稿费。钟淑红一听，也就答应了。

没想到，她的稿子反响不错，对方连连催她继续投稿。仅仅过去五个月，她所得到的稿费竟然远远超过了她一年的薪水。

美国心理学家约翰·列侬说：当我们正在为生活疲于奔命的时候，生活已经离我们而去。很久以来，越来越快的生活节奏让我们迷失在无休无止的追逐中。到底什么才是我们想要的？人有时候像人世苍茫中的孤舟，我们多么需要一个宁静的海岛，安心地享受这个世界赐予我们的一切：蓝天白云、丛林飞鸟，以及艺术和娱乐。那么，去看云卷云舒、去听鸟语声声、做"没用"的事，收获最有用的幸福。

周恩来喜欢打乒乓球；邓小平喜欢打桥牌；丘吉尔喜欢织毛衣……这些有大智慧的人，同样也有小情趣。这些可爱的喜好，还原了一个伟大人物最简单朴素的内心。其实，我们每个人的内心都像孩子一样柔软和单纯，我们渴望放松自己，获得快乐的生命体验。那么，不如像孩子一样，游戏、娱乐、做"没用"的事，重新找回那些被我们忽略的美好。

学会做"没用"的事，才会拥有更丰富的生活内容。你的人生才会精彩纷呈，拥有更多愉悦的生活体验。当你老了，那些"没用"的事会成为最温馨的回忆。那时候，你的嘴角噙着一抹笑意，静静地回味美好的往昔，心情该是何等充实和满足啊。

无用，是让脚步暂停等灵魂跟上；无用，是不功利更本真地享受生活；无用，是与社会和自己和解，以乐趣战胜焦虑，以平和的心态迎来新的人生境界。

尝试一下下面这些有趣的事情吧！

（1）休息的时候，去街上闲逛

可以骑着自行车，背着相机穿梭在城市的大街小巷，看见什么吃什么，想玩什么就玩什么；遇到一家很好的酒吧就进去喝一杯；走到篮球场就进去打会篮球；看见跳广场舞的大妈就掺和进去跳舞；看见好看的衣服就去买；看见心动的女孩就大大方方上去介绍自己；路过书店就进去看一会书；碰见喜欢的电影上映就去看，做自己当下想做的事情。

（2）健身

可以尝试和好友一起去健身，如果实在找不到朋友，一个人也可以。那样锻炼可以随心所欲，跑步也能自由自在，健身是减缓压力和打发时间的最好利器。

（3）做菜

有时候做菜不是为了吃，做菜的那个过程让人愉快，看所有的食材慢慢变成诱人的样子很惬意。

（4）写作或者画画

这个适合比较宅的人，没事画个画，可以让你放松下来。

写作的话，有时候生活中有趣的故事，改编一下写成小说。很久之后翻出来看，特别有意思。

去做你喜欢做的事，而不是最赚钱的事。

去跟你喜欢的人在一起，而不是特有钱的人。

去勇于尝试人生的失败，而不是成功。

去做最没效率的事，而不是投机取巧。

去走最难走的路，而不是好走的路。

去做最值得做的事，哪怕最终穷困潦倒。

所以别再把功利放在心里，有很多事情比赚钱更有乐趣。当你心情放松下来，安静的，不那么浮躁。你就会发现，原来人生还有比拜金更有乐趣的事情。

5. 把时间浪费在美好的事情上

现在很多人没事都会不由自主地拿出手机刷微信朋友圈，把很多时间都浪费在这上面，而这些软件还不断地通过更多方式抓住我们的时间。

在移动互联网高速发展的今天，我们都会有这样的感觉，一天时间过得太快了。我们的碎片时间越来越不经用，上上网，玩玩手机，一天就过去了。每个人一天始终只有 24 小时，而我们很多时间都在干无意义的事。

"得到" App 创始人罗振宇说，未来有两种生意的价值变得越来越大：一是帮助用户省时间；二是帮助用户把时间浪费在美好的事情上。

这虽然是一句不错的广告词，但是说的很有道理。面对越来越枯燥的世界，我们要懂得把时间浪费在美好的事物上。

一个对于自己的时间毫无把控能力的人，是在浪费自己的生命。

　　李斌是一个很较真的人，经常因为一件事情钻牛角尖，好几天才能缓过来。失恋对他来说更是大事了，大学期间因为失恋还特意休学一年来调整心情。

　　一次商场电器大促销，他在店员的介绍下买了一台加湿器，花了不到200块钱。几天过后发现自己家的电表走得飞快，他便怀疑加湿器是假的，根本不是什么好品牌。便去了商场找店员理论："卖我的时候说耗电低、保湿好，根本就是糊弄人……"把店员说的很无语，不得不把经理找来，与他一同寻找原因。最后才发现，是他自己糊涂，记错了上次交电费的日期，最终不得不向商场的工作人员赔礼道歉。

　　一次，上班他心情不好，于是同事便问他："怎么了，抑郁了？"

　　他说："嗯，抑郁了。早上挤公交不小心踩一女的脚一下，被她翻了个白眼，重点是我道歉了。现在怎么什么人都有，道歉了还瞪我……"

　　像李斌这样对于自己的时间没有把控能力的人，意味着他把过多的时间浪费在了无聊的情绪中，同时也就没有更多的时间去干其他有意思的事情。在恒定的时间内，对时间有极强把控能力的人，能够比把控能力稍弱的人多些人生的财富。

　　新东方的创始人俞敏洪从大三开始就拼命地读书，几乎以每天一本书的速度往前走，这个习惯一直坚持到现在。他比很多人都忙，为什么他还有时间每天读书？

　　他说：尽管他不知道读的书到底能干什么，但读书让他觉得没有浪费生命。其实，何止是没有浪费生命，反而创造了生命中更多别人不会轻而易举获得的财富。

对自己的时间拥有极强把控能力的人是可怕的，可怕的是他能拥有别人的时间。

时间管理很重要，那会让你在有限的生命里丰富它的宽度。

演员陈道明从小弹得一手好钢琴，只要在家，他每天写完作业，要弹上两三个小时，兴致高时会弹四五个小时。他有一台珍藏版电子钢琴，无论去哪儿都会带着，在外拍戏间隙就会用它来代替钢琴。钢琴成了他最私密的朋友，一有郁结之事，他就会用钢琴练习来排解心中的郁闷。

中年后，他爱上了画画，没有门派，不讲什么章法。一有时间，他就磨好墨汁，铺好宣纸，手握画笔，然后打开地图，回想拍戏到过的地方，然后挥笔泼墨画山水。画好后贴在书房的墙上，一遍遍观赏、修改。他觉得书法很精妙，慢慢也迷上了。最喜欢用毛笔抄写《道德经》之类的古籍，一边抄写，一边默读，很有意思，他一写就是大半天。

他也钟情于棋艺。从围棋、象棋、国际象棋到军棋、跳棋、斗兽棋、飞行棋、五子棋、华容道棋……样样精通。

偶尔，他也会写点东西。在雨雪天，他愿意一个人写点东西。整理好自己的心境，看着窗外的飘雪，身上披着棉袄，身后一盏纸糊灯罩的灯，一支烟燃着，但不吸。手里一支沉甸甸的笔，写一句，思三思，踱五步，就这样一天就过去了，也不觉得无聊。

陈道明还喜欢手工，他的家里有一个很大的房间专门用来放置糖人、面人、木工、裁缝所用的工具，这几项手工活还算拿手。

当然，他也会为妻子缝制各种皮质包包。妻子四年前退休了，闲暇时陈道明就和妻子一块研究手工。妻子喜欢弄点十字绣之类的，他们夫妻俩就同坐窗下，妻子绣些花草，陈道明则裁剪皮包。就这样，窗外落叶无声，屋内时光静好，很有一种让人心动的美感。

美！美得让人心动！大明星最幸福的时光，竟是这一隅的闲事，无关乎颁奖载誉，无关乎名车美墅。在充满功利的社会里，他给自己留了一个可以尽情享受片刻美好时光的房间。

学会利用自己的时间真的很重要，那会让你在有限的生命里丰富它的宽度。然后，让我们一起把更多的时间浪费在美好的事物上吧。

无论是悠闲的午后喝一杯咖啡、看一页书这样简单而又美好的事情，还是一起背起行囊进藏这样神圣而又美好的事情。

无论是观察蚂蚁怎么与同伴打招呼这样微小而又美好的事情，还是探索北极与南极哪个更冷这样宏大而又美好的事情。

无论是去芬兰或北欧国家追极光这样奇妙而又美好的事情，还是去伦敦发现奇趣隐藏观光点这样悠闲而又美好的事情。

愿您把生命都浪费在美好的事情上。